中国社会科学院
老年学者文库

# 西夏灾害史

史金波 著

社会科学文献出版社
SOCIAL SCIENCES ACADEMIC PRESS (CHINA)

# 目 录
## CONTENTS

# 前　言

　　人类历史的发展，始终伴随着各种灾害的发生。近年来，全球频发的自然灾害给人类社会造成了巨大的生命和财产损失，自然灾害成为各国面临的共同挑战。

　　中国是世界上自然灾害较为严重的国家之一。"伴随着全球气候变化以及中国经济快速发展和城市化进程不断加快，中国的资源、环境和生态压力加剧，自然灾害防范应对形势更加严峻复杂。"（中华人民共和国国务院新闻办公室《中国的减灾行动》，2009 年 5 月）

　　灾害史是整个人类历史的一部分，自然灾害是重要的历史事件和历史现象之一，是解释人类社会发展轨迹不可或缺的一环；同时，灾害史还可以从一个特别的侧面以哲学的高度总结人与自然的关系，并从中得出有价值的理论和指导人类实践的有益经验。

　　面对严峻的自然灾害形势，认真梳理中国历史上的灾害情状，深刻认识灾害对国计民生的严重影响，梳理历史上处理灾情的有效措施，总结防灾减灾的成功经验，完善和充实现代灾害学理论，以指导中国当今和未来的防灾减灾工作是非常必要的。

　　灾害史的研究对象是不同历史时期所发生的各类自然灾害和其他灾害现象，分析灾害的发生规模、规律、特点，论证防灾减灾制度的发展与演进、抗灾救荒思想的传承创新等，从中吸取、借鉴历史的经验、教训，并为防灾、减灾制定对策提供参考，做出贡献。

　　近代关于中国灾害史的研究，起步较晚，基础薄弱。近年来，学术界加大了灾害史的研究力度，有关中国灾害史的著述不断推出，如赫治清教授主编的《中国古代灾害史研究》（中国社会科学出版社，2007），李华瑞教授的《宋代救荒史稿》（天津古籍出版社，2014）等。

西夏（1038~1227年）是中国中古时期一个有重要影响的封建王朝，自称大夏国，或白高大夏国，因其位于宋朝的西部，故史称西夏。西夏共历十个皇帝，享国190年，前期与北宋、辽朝对峙，后期与南宋、金朝鼎足，这在中国中古时期形成复杂而微妙的新"三国"局面。邻近还有回鹘、吐蕃政权，南方有大理政权，这使各王朝间的关系更加错综复杂。西夏首都兴庆府（后改名中兴府，即今宁夏回族自治区银川市），主体民族是党项羌，境内还有汉族、藏族、回鹘等民族。

西夏王朝偏踞西陲，既有被誉为"塞北江南"的河套平原，又有众多山地丘陵；既有宜于畜牧的草原，也有环境恶劣的沙漠、高原。西夏武力强盛，经济繁荣，文化兴盛，在其整个历史时期，有风调雨顺的年景，也不断有各种自然灾害和其他灾害发生。这些灾害对西夏社会发展和人民生活造成严重影响，有时对西夏的政局也产生不容忽视的影响。

西夏是与宋、辽、金并立的重要王朝，但元朝作为宋、辽、夏、金的后朝，却仅修了《宋史》《辽史》《金史》，而未修夏国史，这就使很多西夏历史资料未能通过正史保留下来。特别是多数正史都含有的《五行志》，集中记录了水灾、雹灾、旱灾、火灾、虫灾、地震等灾害。未修西夏正史，当然也就没有西夏《五行志》，自然就缺少了有关其自然灾害的记录。蒙古军队灭亡西夏时，西夏文物典籍遭到大规模破坏，硕果仅存的西夏资料也逐渐被湮没在历史尘埃之中，使西夏的历史文化变得朦胧而神秘。尽管人们可以通过宋代的史书以及元代编修的《宋史》《辽史》《金史》中关于西夏简单、粗疏的记载了解西夏的梗概，但其中多为政局之演变、军事之纷争、各国之往来，对西夏灾害的记载疏略不详，有关西夏灾害的资料零星散落，显得十分稀缺。过去对西夏王朝灾害史的研究更显单薄。21世纪初有杨蕤、李蔚教授等有关西夏灾害的论文，开创了西夏灾害史的研究，填补了这一领域的空白。① 我在撰写《西夏社会》一书时，也曾专设一节论述

---

① 杨蕤：《西夏灾荒史略论》，《宁夏社会科学》2000年第4期；李蔚：《西夏灾害简论》，《国家图书馆学刊》增刊《西夏研究专号》，2002年8月。

西夏农业的自然灾害。①

　　随着近代西夏文献资料的发现，特别是 20 世纪初西夏黑水城遗址大量西夏文文献的出土，有关西夏社会情状的资料逐渐被发现，有关西夏灾害的资料也得到不少补充。2010 年我曾受邀参加赫治清教授主持的中国社会科学院重大课题"中国历代自然灾害与对策研究"项目，受命分工承担《中国自然灾害通史》中西夏灾害史部分的撰写。

　　原来由于西夏资料稀少，研究基础薄弱，在中国的各专门史领域，西夏往往被忽略或完全处于失语状态。近年来，随着出土的西夏文献、文物的刊布和研究的加强，对西夏社会历史的认识渐趋深入，一些系统的中国专门史著述为使中国史链条更加完善，开始重视并纳入西夏王朝部分，以补充缺环。如中国民族史、中国法制史、中国印刷史、中国妇女史、中国服饰史、中国丧葬史等，都将西夏作为中国史中的一个王朝、一个时段来阐述。赫治清先生主持的"中国历代自然灾害与对策研究"项目设有"宋辽西夏金"一卷，其中包括西夏部分。尽管有关西夏灾害史的研究比较单薄，资料比较分散，我仍然抱持推动西夏灾害史研究的态度，欣然接受这项任务，希望为充实西夏灾害史研究略尽绵薄，做出自己的贡献。

　　撰写《西夏灾害史》自然要查阅很多历史文献中有关西夏灾害的资料，但是由于传统汉文史书中有关西夏的资料稀少而零散，很难写成一部内容翔实的著作。1997 年、2000 年我在俄国圣彼得堡东方学研究所整理西夏文献时，发现了一大批西夏文社会文书，计有 1000 余号，包括户籍、军抄册、账册、契约、告牒、书信等。我对这些资料进行了整理、翻译和研究。这些西夏社会文书多是难以识别的西夏文草书，需要花费大量精力进行整理、翻译。但这些珍贵的原始资料对研究、认识西夏社会有极高的价值，其中不少资料与西夏灾害史有直接或间接的关系，从中拣选、吸纳有关西夏灾害史的资料成为我工作的重点之一。整理、翻译大量西夏社会文书，为我研究西夏灾害史提供了新的资料，同时也提升了我完成这项艰巨任务的信心。

---

① 　史金波：《西夏社会》，上海人民出版社，2007，第 60~64 页。

在接受西夏灾害史编写任务后，经过一年多的写作，我按要求交出了一份有六七万字的初稿，大体上完成了《中国自然灾害通史》所承担的任务。此后我仍然想继续深入研究并完善这一项目，出版一部专著。2017年，我将"西夏灾害史"申报中国社会科学院离退休人员科研项目，并得到批准。三年多来，我一方面继续挖掘传统历史文献中有关西夏灾害史的资料；另一方面更加注重收集、整理和翻译西夏文社会文书中与西夏灾害相关的内容。在西夏故地各省区普查西夏文物的过程中，我也发现了一些与西夏灾害史相关的文物资料。这些都使我不断丰富着西夏灾害史的资料，同时也在关注灾害史的有关问题。

特别是2020年初新冠病毒在全球肆虐，对各国的社会、经济造成了难以想象的冲击。同年，夏秋之季中国南方、北方相继遭受水灾。这些都促使我们更加重视灾害，希望深入了解国内外历史上灾害发生的情况、影响，总结预防和抗击灾害的有效措施，寻求有价值的规律性认识，为人类预防和抗击灾害提供智力支持。这使这部《西夏灾害史》的写作增加了一份社会责任，我也有了更为强劲的动力。

灾害史涉及当地的自然条件，包括地形、地貌、河流、气候等。这些既需要查找文献，更需要实地考察。尽管西夏时期与现在相隔八九百年的时间，当地自然环境有了一些改变，但总体来看，其山川地理、水文气候等自然特征仍然承袭着原来的主要特点。因此实地调查了解西夏故地的自然环境是研究西夏灾害史不可或缺的重要工作。好在我从事西夏研究的初期就不断到西夏故地考察。1964年，我与导师王静如先生一起到敦煌考察西夏洞窟时，就熟悉了西夏时期的沙州（今属甘肃省敦煌市）、瓜州（今甘肃省酒泉市）一带的自然环境。特别是1976年我与同事白滨一起用了三个月的时间，到西夏故地调查，考察了陕西、宁夏、甘肃、内蒙古、青海以及新疆东部等地，几乎囊括了原西夏地区，其中有干旱少雨的黄土高原，得益于灌溉的河套平原，祁连山麓的河西走廊，人烟稀少的巴丹吉林沙漠，逶迤的黄河及其重要支流无定河，雪山融水形成的内陆河黑水。就连党项族原来所在的四川西部、青海东南部和甘南地区我也相继做过考察。错综复杂的自然条件成为西夏依托的生态环境。此后，我又随着各类工作任务和课题项目先后到相关地区考察，不断扩充着自己对西夏故地自然环境的认识，对同一地区不同季节的状况也有不同的感受。我在对上述地区进行考察期间，勘察地貌，查找资料，拍摄照片，积累了相关的基本资料。本书中的很多关于西夏故地的图片，是我在不同时期考察拍摄的。西夏故地的实地考察增加了我对西夏自然环境的了解，取得了一些有价值的资料。可以说，没有多次对西夏故地的考察，写作本书的任务是难以完成的。

这部《西夏灾害史》仅是中国历代漫长灾害史的一个地区的一个特定阶段。我想如果将中国历代灾害史都串联起来，将会形成更加宏观的认识，得出更为系统、成熟的总体认识，并提炼出更为重要的规律性总结。这部书如果能为中国灾害史提供一份可供参考的资料和初步阶段性研究成果，就算达到了我的初衷。

鉴于此前还没有一部系统的西夏灾害史的专著，本书权作引玉之砖，不成熟甚至错谬之处在所难免，衷心希望方家斧正。

# 第一章　西夏历史沿革与自然人文状况

在中国历史上，西夏是一个人们不怎么熟悉的王朝。因为在中国的正史中没有西夏史，有关西夏的记载十分缺乏。历史记载的稀疏与一个雄踞西北地区近两个世纪的王朝历史很不相称。因此在论述西夏灾害之前，首先需要概括介绍西夏王朝形成和发展的历史及其所在的地理环境。

## 第一节　西夏历史与疆域沿革

西夏是 11~13 世纪以少数民族为主体建立的王朝，主体民族是党项族。党项族原居住在青藏高原的东麓（见图 1-1），历来属中原王朝管辖，后因与邻近民族抵牾，受到排挤，不得已而请求唐朝许其长途北迁。这次民族大迁徙造就了一个民族的崛起和一个王朝的振兴。

**图 1-1　青藏高原东麓山脉**

## 一 西夏兴亡

党项族主要分布在今青海省东南部、四川省西北部广袤的草原和山地间，为西羌之别种。《旧唐书》记载："魏、晋之后，西羌微弱，或臣中国，或窜山野。自周氏灭宕昌、邓至之后，党项始强。其界东至松州，西接叶护，南杂春桑、迷桑等羌，北连吐谷浑，处山谷间，亘三千里。"①

### （一）党项族迁徙北上

党项族西部为吐蕃，西北部为吐谷浑。当时党项族有很多部落，每一部落为一姓，其中以拓跋部最为强大。那时，党项族还处于原始社会的晚期。唐初，党项族拓跋部首领拓跋赤辞归唐，被任命为西戎州都督，赐以唐朝皇室李姓。

后来吐蕃势力不断壮大，党项族受到吐蕃强大势力的排挤，散居在今甘肃南部与青海境内的党项部落，于 8 世纪初期不得不陆续内迁。唐朝把原设在陇西地区的静边州都督府移置庆州（今甘肃省庆阳市），以党项族大首领拓跋思泰任都督，领十二州。8 世纪中叶，安史之乱爆发后，河陇空虚，吐蕃进而夺取河西、陇右之地，这些地区的党项部落再一次东迁到银州（今陕西省米脂县）以北、夏州（今陕西省靖边县北的统万城遗址，俗称白城子，见图 1-2）以东地区；静边州都督府也移置银州。绥州（今陕西省绥德县）、延州（今陕西省延安市）一带，也陆续迁来大批党项部落。一些党项部落曾助吐蕃攻唐，致使长安陷落。

党项族二次迁徙后，入居庆

**图 1-2 1976 年作者与同事白滨考察
陕西统万城遗址**

---

① 《旧唐书》卷一百九十八《党项羌传》，中华书局点校本，1975；《北史》卷九十六《党项传》，中华书局点校本，1974；《隋书》卷八十三《党项传》，中华书局点校本，1973。

州一带的称东山部，入居夏州一带的称平夏部。平夏地区的南界横山一线，唐朝人称为南山，居住在这一区域的党项族被称作南山部。迁入内地的党项部落，仍然从事游牧，财富渐有积累，人口迅速增殖，部落内部阶级分化也渐趋明显。

自中唐以后，大部分党项人逐渐内迁到今甘肃东部、宁夏和陕西北部一带，在新的地区繁衍生息。唐广明元年（880年）黄巢率领的农民起义军攻入唐都城长安（今陕西省西安市）。中和元年（881年），党项族首领宥州刺史拓跋思恭与其他节度使响应唐僖宗的号召，镇压黄巢义军，中和三年（883年）收复长安，因功被封为定难军节度使，再次被赐李姓，管领五州，治所在夏州。夏州原是东晋十六国时期赫连勃勃所建大夏国的都城。[①]其余四州是银州、绥州、宥州（今属陕西省靖边县）、静州（今属陕西省米脂县）。从此党项族开始了事实上的地方割据。五代时期，夏州党项政权先后依附于中原的后梁、后唐、后晋、后汉、后周各朝，并在与邻近藩镇纵横捭阖的斗争中，势力不断壮大。[②]

**（二）建立地方政权**

北宋初年，党项族首领臣属宋朝。李继捧弟继兄位，引发内部矛盾，他索性向宋献五州地。宋朝授李继捧为彰德军节度使，将其留居宋都开封，并发兵前往党项族居住地接收统治权力，发遣党项族所有李氏亲族齐赴汴京。后任定难军管内都知蕃落使的李继捧族弟李继迁，反对宋朝直接接管五州之地和以党项族首领亲属作变相人质的做法，率众逃往地斤泽（今属内蒙古自治区鄂尔多斯市），公开抗宋自立。宋朝则利用李继捧挟制继迁，复封继捧为定难军节度使，赐名赵保忠，令其讨伐继迁。继迁自知羽翼未丰，便做出战略决定，依附辽朝，对抗宋朝。李继迁附辽，正中辽朝抗宋的下怀，于是他

---

[①] 西夏时期的夏州为东晋匈奴赫连勃勃建立的大夏国都城统万城，俗称白城子。原多认为该城位于陕西省横山县，1976年笔者实地考察知其实际位于陕西榆林靖边县，是中国北方较早的都城。城由内城和外城组成，内城分东城和西城。宋初为党项族统治中心，后长期为西夏占有，宋夏双方争夺，最后被宋朝隳城。现为国家重点文物保护单位。

[②]《旧五代史》卷一百三十八《党项传》，中华书局点校本，1976；《宋史》卷四百八十五、四百八十六《夏国传》（上、下），中华书局点校本，1977；《辽史》卷一百十五《西夏外记》，中华书局点校本，1974；《金史》卷一百三十四《西夏传》，中华书局点校本，1975；（清）吴广成：《西夏书事》，清道光五年（1825年）小砚山房刻本。

被辽封为夏国王，辽还以宗室女下嫁。在辽、宋对立的状态下，宋朝管辖下的党项族崛起对辽朝来说有益无害，于是辽朝又是封王，又是嫁女，积极主动。宋朝自居中原王朝正统，党项族领地为宋原有领土。党项独立，对宋朝来说是失地削土，无异于割股剜肉。若党项族再与辽朝联手，则宋朝两面受敌，利害自明。因此，宋朝对党项族的坐大和独立自然坚决反对，极力阻止。

宋朝是历代中原王朝中在军事上较为孱弱的朝廷，军力不济，加之指挥不当，进退失据，在战争中经常失利。经过 15 年拉锯式的反复角逐，党项政权屡蹶屡起，终成宋朝大患。宋至道三年（997 年）李继迁迫使宋朝封其为定难军节度使，仍管领五州之地。李继迁又于宋咸平五年（1002 年）攻占灵州（今属宁夏回族自治区吴忠市）①，在他的统治区内有了一个较大的中心城池。次年改灵州为西平府，这里便成了党项族政权新的统治中心。

此后，李继迁又攻占西凉府（今甘肃省武威市）。正当李继迁的势力蒸蒸日上之时，归顺宋朝的吐蕃首领潘罗支向其诈降，击败李继迁，使之因伤致死。当年正是宋、辽媾和订立"澶渊之盟"之际。

李继迁死后，其子李德明继承王位，在宋、辽关系缓和的形势下，他继续与辽通好，同时改善与宋朝的关系，使双方大体上保持着友好往来。宋朝每年赐给大量银、绢、茶，还在保安军（今属陕西省志丹县）等地开设榷场，发展贸易。宋天禧四年（1020 年），李德明将其统治中心移往贺兰山麓的怀远镇，改称兴州（今宁夏回族自治区银川市），并逐渐将其发展成西北地区的一大都会，李德明的势力更加壮大。宋天圣六年（1028 年），李德明派他的儿子元昊率兵向西攻占甘州（今甘肃省张掖市）、凉州（今甘肃省武威市）。不久，瓜州、沙州也来降服。这样，李德明的党项政权又占领了整个河西走廊，在这些地区取代了吐蕃、回鹘的统治，奠定了建立西夏王国的版图基础。

### （三）正式立国

继承王位后的元昊，实力更为雄厚，正式建立大夏国的条件日趋成熟。元昊具有雄才大略，早就提出"英雄之生当王霸"的主张。他不断图强创

---

① 白述礼：《古灵州在今宁夏吴忠市考》，成建正主编《陕西历史博物馆馆刊》第 18 辑，三秦出版社，2011。宁夏吴忠市利通区古城村出土的唐《吕氏夫人墓志铭并序》是该地为古灵州的有力证据。

新，采取一系列政治、军事、文化措施，进行正式建国的准备活动。他取消了唐、宋赐给的李、赵姓氏，改姓嵬名氏；改变名号，自称"兀卒"（西夏语，"皇帝"意）①；又突出民族风习，下秃发令；创制推行西夏文字，建番汉二学院，翻译经典；还仿中原制度并结合民族特点建立官制；完善首府，升兴州为兴庆府（至今城内尚有西夏时期的承天寺塔、海宝塔等遗存，见图1-3、图1-4）；大力整顿军旅，在境内分设监军司。他还接连对北宋、吐蕃、回鹘用兵，进一步扩大了版图，辖今宁夏、甘肃大部，陕西北部，内蒙古西部和青海东部的广大地区，成为当时能与宋、辽周旋、抗衡的第三大势力。宋宝元元年（1038年）十月十一日，元昊筑坛受册，登基加冕，正式立国称帝，建立大夏国，并公开上表于宋。② 西夏时期西夏文国名为𗢴𗴂𗴿𗂧（大白高国），西夏时期汉文文献称其为"白高大夏国"③。

图1-3　西夏兴庆府承天寺塔

图1-4　西夏兴庆府海宝塔

---

① 西夏文𗴂𗴿，"皇帝"意，西夏语音"兀卒"。

② （宋）李焘：《续资治通鉴长编》卷一百二十二，仁宗宝元元年（1038年）十月甲戌条，中华书局，1979。

③ 西夏汉文佛经《佛说圣大乘三归依经》题记"白高大夏国乾祐十五年岁次甲辰九月十五日"。

宋朝不承认元昊的地位，不断对西夏用兵，宋、夏双方在三川口（今陕西省延安市西北）、好水川（今宁夏回族自治区隆德县北，一说西吉县兴隆镇一带）、定川寨（今宁夏回族自治区固原市西北）发生三次大战，都以西夏胜利、宋朝惨败告终（见图1-5）。

图1-5　宁夏固原好水川古战场遗址

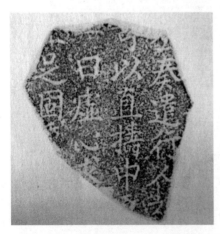

图1-6　西夏陵园出土"可以直捣中原"残碑拓片

元昊踌躇满志，有驱兵继续向宋朝腹地进攻的意图。元昊张贴的露布中有"朕欲亲临渭水，直据中原"的豪言，[1]西夏陵园出土的残碑中也出现了"可以直捣中原"的语句（见图1-6）。[2]

此后，军事上的攻防和政治上的谈判交叉进行。经过反复较量，宋朝战线过长，疲于奔命，指挥失当，多次败北，无力征服西夏；西夏也苦于军兵点集，财困民穷，怨声四起，锐气渐消。最后于宋庆历四年（1044年）宋、夏

① （宋）王巩：《闻见近录》，《古逸丛书三编》第八种，中华书局，1984。
② 宁夏博物馆发掘整理，李范文编释《西夏陵墓出土残碑粹编》，文物出版社，1984，图版98，M108H：145。

双方达成妥协，"元昊始称臣，自号国主"，在境内称皇帝（见图1-7）。① 宋朝承认西夏的实际地位，每年赐给西夏银、绢、茶共25万5000两、匹、斤。这是宋辽订立"澶渊之盟"40年后，宋朝又和西夏订立的重要和盟，称为"庆历和盟"。

元昊注重文教，不仅在立国前下令创制文字，作为国字推行，还同时倡导佛教，翻译佛经，尊崇儒学，翻译儒学经典。后来元昊在宫廷内乱中被刺身亡，他做了11年皇帝，是为景宗。

**（四）后族专权**

元昊死后，西夏面临皇帝幼弱、外

图1-7 莫高窟409窟西夏皇帝供养像

戚专权的政治局面。元昊子谅祚在襁褓中即位，母后没藏氏和母舅没藏讹庞当政。西夏为扩大领土，增加收入，与宋朝争夺交界的屈野河耕地，战乱频仍，后由战转和，双方划疆界，复榷场，通互市。同时与吐蕃争夺青唐城（今青海省西宁市），并降伏西使城（今甘肃省定西市）、青唐一带，西夏势力延伸到河州（今甘肃省临夏县）。谅祚14岁时在朝臣的支持下擒杀企图篡权的没藏讹庞，开始亲政。谅祚于拱化四年（1066年）攻宋庆州时受伤，翌年病死，在位19年，是为毅宗。

毅宗死后，其子秉常也是孩提即位。母后梁氏和母舅梁乙埋执掌朝政，继续与辽和好，与宋争夺绥德、啰兀城（今陕西省米脂县西），后划界立封堠。当时吐蕃青唐政权分裂，西夏皇太后梁氏调整了对外战略，结联吐蕃。天赐礼盛国庆三年，梁太后以自己的女儿向吐蕃首领董毡之子蔺比逋请婚，协调了西夏与吐蕃政权的关系。同年谋夺吐蕃占据的武胜城（今甘肃省临洮市），不果，复失河州。秉常16岁亲政，因想向宋请和，与太后政见相左，被囚禁在兴庆府。宋朝起五路大军攻夏，最终因指挥失当而溃败。西

① （宋）李焘：《续资治通鉴长编》卷一百四十九，仁宗庆历四年（1044年）五月甲申条。

夏大安八年，宋、夏发生永乐城（今陕西省米脂县西）之战，宋军又损失惨重。秉常时期重视翻译佛经，与其母亲临译场（见图1-8）。秉常在位18年，是为惠宗。

图1-8　西夏惠宗与母梁太后亲临译场的西夏译经图

秉常子乾顺3岁即位，母后梁氏（秉常母梁氏侄女）和母舅梁乞逋（梁乙埋之子）专权，仍与辽结好。国相梁乞逋又向吐蕃首领阿里骨为自己的儿子请婚。后来吐蕃首领拢拶又与西夏宗室结为婚姻。西夏中、后期双方关系大为改善，交往比早期显著增多。天祐民安八年（1097年），攻宋平夏城，大败。永安元年（1098年），梁太后死，乾顺亲政，请婚于辽，娶辽成安公主。辽、金交战时，西夏援辽抗金。辽朝在垂危之际为了取得西夏的支持，匆忙册封乾顺为夏国皇帝。元德六年（1124年），眼见辽国将亡，西夏便改事金朝。西夏还在金朝灭辽攻宋的战争中得渔人之利，乘机夺取了部分土地，扩大了版图，在新的政治格局中形成与金、宋并立的三国关系。乾顺崇尚汉文化，发展汉学，在位长达 54 年，是为崇宗。

这一时期三朝的母党专权，西夏皇族和后族的矛盾高潮迭起，并伴随着统治阶级内部的权力之争，多次发生"番礼"和"汉礼"的严重斗争。是时西夏经济又有新的发展，与周边王朝关系复杂、微妙。宋、夏之间互通有无，贸易往来频繁。每当宋、夏交战之际，宋朝多以停岁币、罢和市、断榷场相要挟。这往往会影响到西夏的社会生活，同时也反映出西夏的经济发展尚不完善，对宋朝有相当程度的依赖。

**（五）趋向繁荣**

仁孝是乾顺之子，在位前期接连发生严重的政治事件，境内发生原投诚的契丹人萧合达的叛乱，又由于严重饥荒爆发了以哆讹为首的大规模起义。外戚任得敬在平定叛乱和镇压人民起义的过程中，渐握朝柄，升为国相。仁孝时期西夏的社会生产力迅速提升，经济发展，农、牧业都有长足的进步，封建社会体制越发完善。仁孝大力提倡文教，效法宋朝实行科举，召集朝廷大臣修订王朝法典《天盛改旧新定律令》（以下简称《天盛律令》）①，且大力重新校勘和刊印佛经，并吸收藏传佛教。从已发现的西夏文献看，此时形成的著作很多，文化事业高度繁荣，达到西夏的鼎盛时期。在社会迅速发展的同时，社会矛盾也进一步加剧。而仁孝缺乏忧患意识，文治成就显著，可圈可点，但武功逐步衰弱，乏善可陈。特别是他对权臣的图谋不轨未能及时抑制，使任得敬进位楚王、秦晋国王，最后得敬愈加专横，欲分国自立。仁孝在金朝的支持下诛杀了任得敬并剪灭其党羽，使国势峰回路转，渡过分国危机。这一时期西夏基本依附金朝自保，但也非一心一意。西夏虽称藩于金，聘使如织，但当宋朝联络西夏攻金时，仁孝上表于宋，骂金朝"不自安于微分，鼠窃一隅之地，狼贪万乘之

---

① 《天盛改旧新定律令》是西夏仁宗天盛时期的王朝法典，可简称《天盛律令》，出土于内蒙古自治区额济纳旗黑水城遗址，今藏俄罗斯科学院东方文献研究所手稿部，共 20 卷，150 门，1461 条，是中国中古时期很详细的一部综合性法典，是研究西夏社会、历史最重要的资料。现存西夏文本为 19 卷。汉文译本有史金波、聂鸿音、白滨译《西夏天盛律令》，刘海年、杨一凡总主编《中国珍稀法律典籍集成》甲编第五册，科学出版社，1994；史金波、聂鸿音、白滨译注《天盛改旧新定律令》，法律出版社，2000。

**图 1-9 西夏陵出土仁宗寿陵西夏文篆书碑额拓本**

畿，天地所不容，神明为咸愤"，并表示要"恭行天讨"。但墨迹未干，即出兵扰宋。两个月后，金主新立，仁孝又乘机出兵袭金，后又与金成为兄弟之国。这种朝秦暮楚、首鼠两端的做法，完全是为当时的小利所驱使。仁孝末期虽有名相斡道冲的辅佐，但因长期疏于武备，由盛转衰的迹象已经萌生。仁孝在位54年，是为仁宗。在西夏陵出土了西夏文篆书的仁宗寿陵碑额，译文为"大白高国护城神德至懿皇帝寿陵志文"（见图1-9）。①

### （六）走向衰亡

仁宗死后，内忧外患加剧，国势开始下滑，西夏步入晚期。这时蒙古已崛起于漠北，并不断侵掠西夏。在西夏晚期的30多年中，皇权不固，先后五易帝位：桓宗纯祐，在位12年；襄宗安全，在位5年；神宗遵顼，在位13年；献宗德旺，在位3年；末帝睍，在位1年。这一时期西夏外患不已，烽烟不断，蒙古六次入侵。

蒙古在入侵西夏的同时，也攻侵金国。而金、夏仍在互相争斗，力量消耗殆尽。在金、夏皆岌岌可危之时，金、夏双方于西夏乾定三年（1226年）议和，约为兄弟之国，以图共同抗蒙，可惜为时已晚，两国在蒙古铁骑面前只能勉强招架。

蒙古最后一次进攻西夏，对主要城池采取武力攻打和诱降争取的双重策略，连下诸城。西夏宝义元年（1227年），蒙古大军在攻占了西夏的黑水城（今属内蒙古自治区额济纳旗）、沙州、肃州、甘州、灵州等重要城市的基础上，进围中兴府。末帝睍回天乏力，力屈请降，束手就擒。成吉思汗在指挥进攻西夏的过程中，病死在六盘山。据其遗嘱，西夏末主睍旋即被杀。

① 史金波、陈育宁主编《中国藏西夏文献》第19册，甘肃人民出版社、敦煌文艺出版社，2005，第128~129页。

雄踞西北地区的西夏朝廷终告灭亡。

## 二　西夏疆域

文献记载，西夏建国初期东据黄河，西至玉门，南临萧关，北抵大漠，"夏之境土，方二万余里"。[①] 从实际疆域看，西夏领土包括今宁夏、甘肃大部，陕西北部，内蒙古西部和青海东部的广大地区，东西长约 1500 公里，南北宽 700 多公里，测度其国土面积为 60 多万平方公里。所谓境土"方二万余里"，在当时并未实际测量，只是大致估摸，并有所夸张。

至今尚未发现西夏人自己绘制的地图。宋代曾出现绘制地图的高潮。宋初曾有《河西陇右图》《西界对境图》，宋元丰五年（1082 年）又有《五路都对境图》。[②] 这些与西夏有关的地图早已遗失。郑樵在《通志》中曾记有《西夏贺兰山图》，[③] 可惜原图早已不传于世。传世的有《西夏地形图》，反映了 12 世纪初的西夏地理。《西夏纪事本末》前有《陕西五路之图》和《西夏地形图》即传本之一种。图虽不十分准确，但很有参考价值。苏州碑刻博物馆保存有刻于石上的《地理图》，是现存宋代重要碑刻地图，系南宋全国性舆地图，为作者黄裳向嘉王赵扩进呈的八幅图之一，约绘制于绍熙元年（1190 年）。淳祐七年（1247 年）王致远刻石。图高 108 厘米，横 98 厘米。图上在西北部标有"党项夏国"，并标注有怀州，即当时西夏首府中兴府，原来的怀远镇。另标注有夏州、银州、宥州、盐州、胜州、韦州、灵州、会州、兰州、凉州、甘州等，记载了西夏的主要城市和地理位置。

元昊称帝前一年"升州郡"，当时有 18 州：夏州、银州、绥州、宥州、静州、灵州、盐州、会州、胜州、甘州、凉州、瓜州、沙州、肃州、洪州、威州、龙州、定州。[④] 国都为兴庆府，后改为中兴府。此后又有石州、怀州、永州、顺州，12 世纪 30 年代西宁州、乐州、廓州、积石州曾为西夏所得。西夏累世开拓，加之金朝在联夏灭宋后以边地赐夏，西夏领土以黄河为界划分，"河之内外，州郡凡二十有二。河南之州九：曰灵、曰洪、曰宥、曰银、曰

① 《宋史》卷四百八十六《夏国传下》。
② （宋）王应麟：《玉海》卷十四、十六，上海古籍出版社，1992。
③ （宋）郑樵：《通志》"图谱略"第一，中华书局，1987。
④ 《宋史》卷四百八十五《夏国传上》。

夏、曰石、曰盐、曰南威、曰会。河西之州九：曰兴、曰定、曰怀、曰永、曰凉、曰甘、曰肃、曰瓜、曰沙。熙、秦河外之州四：曰西宁、曰乐、曰廓、曰积石"。余有静州、胜州、龙州、韦州、伊州。①

实际上，西夏疆域在大体稳定的形势下，也处于不断变化的过程中。其东部、南部、西部因与宋朝和吐蕃的征战，城池、土地时得时弃，国土或扩展，或缩窄，随时代而不同。

### 三 西夏行政区划及其变迁

汉文史料记载西夏的行政区划，主要是府、郡、州。上述西夏建国时有 18 州，后又有所变化。史书又记载西夏都城为兴庆府，后改称中兴府，东部灵州建为大都督府（西平府），西部凉州为西凉府。肃州为蕃和郡。

后来在西夏法典《天盛律令》中有关于西夏地理和政区的详细记载。西夏仁宗天盛年间，约为 12 世纪 50~60 年代，整个中国的形势产生了新的变化，西夏的地理、政区也发生了新的改变。《天盛律令》"司序行文门"（见图 1-10）所录各地行政单位，与西夏早期建制有不少区别。

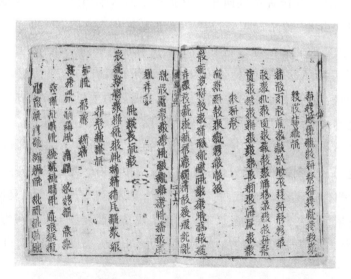

图 1-10 西夏文刻本《天盛律令》第十"司序行文门"

---

① 《宋史》卷四百八十六《夏国传下》。

（一）京师与边中

把西夏全境大的范围首先划分为京师畿内和边中两大类。《天盛律令》中多处将京师畿内和边中并提，以区分全境的地区。边中又包括地边和地中两部分。《天盛律令》中有时将京师畿内、地边和地中并提。如：

> 国中纳军籍磨勘者，应自纳簿增籍日起，畿内四十日，地中五十日，地边两个月以内皆当磨勘完毕。①

西夏法典在论及各地告纳账册时，依据各地距离首都的远近也规定了不同的时间：

> 京师界内执局分人三个月……当告纳本处账册。地中执局分人各自六个月一番当告纳账册。地边执局分人各自一年一番当告纳账册。②

可见京师界内是离首都最近的地区，地中稍远，地边最远。京师畿内、地边和地中是大政区的区分，但这种区分既由自然地理因素决定，也是出于当时政治、经济、军事管理的需要。

西夏京师畿内又称京师界，或简称京师，西夏文以𗼋𗼋③二字表达。《天盛律令》有"京师界七种郡县"的提法。④ 又规定"京师界"包括中兴府，南北二县，五州各地县司；"边中"包括经略司、府、军、郡、县，以及监军司、城、寨、堡等。⑤《天盛律令》又记"催促水浇地租法：自鸣沙、大都督府、京师界内等所属郡县……"⑥ 可见，鸣沙和大都督府不在京师界内，京师界除中兴府外，还包括五郡、县，依据《天盛律令》有关的条文和地理位置判断，其中有灵武郡、定远县、怀远县、临河县、保静县。⑦

---

① 史金波、聂鸿音、白滨译注《天盛改旧新定律令》第六"纳军籍磨勘门"，第256页。
② 史金波、聂鸿音、白滨译注《天盛改旧新定律令》第九"事过问典迟门"，第319页。
③ 西夏文𗼋𗼋，原为"世界"意，在指称王朝地名时，为"京师"意，另还有"朝廷"意。
④ 史金波、聂鸿音、白滨译注《天盛改旧新定律令》第十七"库局分转门"，第525页。
⑤ 史金波、聂鸿音、白滨译注《天盛改旧新定律令》第十四"误殴打争斗门"，第485页。
⑥ 史金波、聂鸿音、白滨译注《天盛改旧新定律令》第十五"催租罪功门"，第493页。
⑦ 史金波、聂鸿音、白滨译注《天盛改旧新定律令》第十"司序行文门"，第371页。

### （二）经略司与五等机构

《天盛律令》"司序行文门"将西夏王朝100多个司职局分按上、次、中、下、末五等分层次高低排列，中书、枢密是上等司，中兴府、大都督府、西凉府、府（抚）夷州、中府州等为次等司，而经略司属特殊层次，"经略司者，比中书、枢密低一品，然大于诸司"。[①]

经略司是地方最高军政机构。其司印银质，重二十五两，长宽二寸三分，仅低于中书、枢密印，而高于其他司印。《天盛律令》规定，国境中诸司判断"依季节由边境刺史、监军司等报于其处经略"，[②] 可知经略司管辖监军司。1977年甘肃武威西郊林场发现的西夏墓，是西夏天庆元年至八年（1194~1201年）的西夏晚期砖室墓，男墓主人分别为西经略司兼安排官□两处都案刘仲达和西经略司都案刘德仁。[③] 可知西夏有西经略司，设在武威。《天盛律令》的颁律表中有"东经略副使、枢密承旨、三司正、汉学士赵□"，证明西夏有东经略司。而《天盛律令》正文中有"东南经略使"，估计同东经略司。西经略司在凉州，东经略司有可能在灵州。除京畿地区外，很多事务如公文传递等，都要从地方或监军司先报经略司，再上报朝廷。东、西经略司掌管着除京畿以外的地区，相当于大军政区划。

除经略司外，西夏的地方建制还分府、州、军、郡、县。

府有中兴府、大都督府、西凉府，都是次等司。另有府（抚）夷州、中府州，也是次等司。中兴府是首都，大都督府位在灵州，西凉府在凉州。府（抚）夷州应在甘州，宣化郡即后来的镇夷郡可能就是府（抚）夷州，有的专家认为中府州在东部的高油坊遗址，[④] 是可能的。在等次较高的地方政府中除上述两州外，已无其他州。

军有鸣沙军、虎控军、威地军、大通军、宣威军，皆为中等司。

郡有灵武郡、五原郡，分属下等司和中等司。

县有华阳县、治源县，为中等司，这两县地位较高，但其地望有待考

---

① 史金波、聂鸿音、白滨译注《天盛改旧新定律令》第十"司序行文门"，第364页。
② 史金波、聂鸿音、白滨译注《天盛改旧新定律令》第九"诸司判罪门"，第323页。
③ 陈炳应：《西夏文物研究》，宁夏人民出版社，1985，第186~204页。
④ 刘菊湘：《西夏地理中几个问题的探讨》，《宁夏大学学报》1998年第3期；李学江：《〈天盛律令〉所反映的西夏政区》，《宁夏社会科学》1998年第4期。

定。下等司中有定远县、怀远县、临河县、保静县，此外在下等司的地边城司中还有真武县、富清县、河西县。

下等司和末等司中还有一些地方行政机构，下等司有甘州城司、永昌城、开边城，以及21个地边城司：□□、真武县、西宁、孤山、魅拒、末监、胜全、边净、信同、应建、争止、龙州、远摄、银州、合乐、年晋城、定功城、卫边城、富清县、河西县、安持寨。末等司有：绥远寨、西明寨、常威寨、镇国寨、定国寨、凉州、宣德堡、安远堡、讹泥寨、夏州、绥州。①

**（三）地方机构**

显然，西夏行政建制后期与前期有了很大变化。首先是层次复杂。前期基本上只见府、州建制，后期则有京师畿内、地边、地中的区分，又有东、西经略司的设置，还增加了地方行政军和郡的建制。其次是州的建制向两极分化。府（抚）夷州、中府州成为与府同级的大州；有的州只是作为监军司所在地，如沙州、肃州、瓜州监军司为中等司，而龙州、银州是下等司，凉州、夏州、绥州只是末等司。定州已是定远县，怀州为怀远县，静州为保静县，临河镇为临河县，富清县在京师畿北，河西县不知所指。有的州已成为县，但司品地位不低。这种政区已经突破了中原地区府辖州、州领县的传统格局。西夏各地还有一些堡寨，个别是下等司，多为末等司。在经常对外用兵的情势下，这些堡寨起着守卫边界的重要作用。

看来西夏已根据情势的变化和实际需要，审时度势，对地方政府的建制做出了适时的调整。比如京畿一带由于首都的重要地位和当地农业的优势，附近县城密度大，地位上升；过去的一些州如夏州、绥州由于战争的破坏和处于边界不稳定状态，而地位下降，逐渐被边缘化；还有的州如凉州可能因当地有西凉府之设而使州的作用减小，地位随之下降。

西夏汉文本《杂字》"司分部"中有中兴（见图1-11），"地分部"集中记录了西夏的地理名称，首有灵武、保静、临河、怀远、定远、定边。其中定边为《天盛律令》所无。《杂字》中还有西京，应是西凉府。另有甘州、肃州、鸣沙、沙州、盐州、沔池、龙池、宁星、峨嵋、威州、左厢、督府、黑水、三角、瓜州、五原、隆州、卧罗娘、罗税火、罗庞岭、吃〔克〕

①　史金波、聂鸿音、白滨译注《天盛改旧新定律令》第十"司序行文门"，第362~364页。

移门、骆驼庵、骨婢井、龙马川、乃来平、三乍桥、麻囍傩、贺兰军、光宁滩、安化郡、东都府。[①] 其中有州名，有军、郡、府，有监军司所在地，也有一些特殊的地名。贺兰军、安化郡、东都府在《天盛律令》中是没有的。

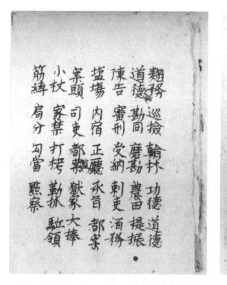

图 1-11　汉文《杂字》中的"司分部"

### （四）监军司和统军司

西夏以武力立国，始终重视军事组织建设。西夏的军事组织严密，与行政组织协调、交织，在社会中有重要作用。

元昊在立国前于广运二年（1035 年）对西夏全境的军队做过一次重大的整顿和规范，确定兵制，设置军名。

---

①　本件出土于内蒙古自治区额济纳旗黑水城遗址，今藏俄罗斯科学院东方文献研究所手稿部，编号为Дх-2825，蝴蝶装，汉文写本，前似残一页，后部亦残缺，存36面，一般每面7行，满行10字或12字，为以事门分类的词语集，现存20部，汉姓第一、番姓名第二、衣物部第三、斛斗部第四、果子部第五、农田部第六、诸匠部第七、身体部第八、音乐部第九、药物部第十、器用物部第十一、居舍部第十二、论语部第十三、禽兽部第十四、礼乐部第十五、颜色部第十六、官位部第十七、司分部第十八、地分部第十九、亲戚长幼第二十。俄罗斯科学院东方研究所圣彼得堡分所、中国社会科学院民族研究所、上海古籍出版社编《俄藏黑水城文献》第 6 册，上海古籍出版社，2000，第 137～146 页；史金波：《西夏汉文本〈杂字〉初探》，白滨等编《中国民族史研究》（二），中央民族学院出版社，1989。

　　置十二监军司，委豪右分统其众。自河北至午腊蒻山七万人，以备契丹；河南洪州、白豹、安盐州、罗落、天都、惟精山等五万人，以备环、庆、镇戎、原州；左厢宥州路五万人，以备鄜、延、麟、府；右厢甘州路三万人，以备西蕃、回纥；贺兰驻兵五万、灵州五万人、兴州兴庆府七万人为镇守，总五十余万。而苦战倚山讹，山讹者，横山羌，平夏兵不及也。①

　　监军司的具体名称为：

　　有左右厢十二监军司：曰左厢神勇、曰石州祥祐、曰宥州嘉宁、曰韦州静塞、曰西寿保泰、曰卓啰和南、曰右厢朝顺、曰甘州甘肃、曰瓜州西平、曰黑水镇燕、曰白马强镇、曰黑山威福。②

　　这些监军司的名称多是地名再加两个表示镇抚、强大的字，如神勇、祥祐、嘉宁、静塞、保泰、和南、朝顺、西平、镇燕、强镇、威福等。

　　毅宗谅祚时对监军司又做了部分调整，祥祐监军司设于绥州，在灵州西平府设翔庆军总领。西夏如遇较大的军事行动，往往调动几个或所有监军司的兵马集中作战。后来监军司的数目又有所增加。

　　西夏的监军司在天盛年间已达 17 个，而监军司的职能除军事防御征战及对内维持治安、镇压反抗外，还行使不少行政职能，如接受他国僧人及俗人等投奔，传唤、催促差人，催缴、储藏纳粮，迁转官畜、谷、物，管理牲畜等。

　　西夏的 17 个监军司包括：石州、东院、西寿、韦州、卓啰、南院、西院、沙州、罗庞岭、官黑山、北院、年斜、肃州、瓜州、黑水、北地中、南地中。这是依据西夏领土的变化和军事形势的需要而调整的。值得注意的是，在《天盛律令》中虽多次提到各监军司的名称，但并没有神勇、祥祐等表示镇抚、强大的字词。监军司是地方军事主要管理机构，天盛年间这 17 个监军司又分成两类，前 12 个监军司所派官员多，后 5 个监军司所派官员少，地位较低。榆林窟壁画有西夏瓜州监军司武官供养人像（见图 1-12）。另有 4

①　《宋史》卷四百八十五《夏国传上》。
②　《宋史》卷四百八十六《夏国传下》。（宋）李焘：《续资治通鉴长编》记为"置十八监军司"，见卷一百二十，仁宗景祐四年（1037 年）岁末条。

种军，分别是虎控军、威地军、大通军、宣威军。另外，17个监军司加上五原郡、大都督府、鸣沙郡，各派刺史1名。[①]

**图1-12 榆林窟29窟西夏瓜州监军司武官供养人像**

正统司是比监军司级别更高的地方军事指挥机构。《番汉合时掌中珠》中记有正统司、统军司，而在《天盛律令》中只有一次提到正统司，在规定司印的标准时有"正统司铜上镀银二十两"，其司印的规格低于经略司，而高于次等司，更高于包括监军司的中等司。分析《天盛律令》中其他有关统军、正统的条文，正统是高于监军的将领：

> 若正、副统归京师，边事、军马头项交付监军司，则监军、签判承罪顺序：签判按副行统、监军按正统法判断。[②]

---

① 史金波、聂鸿音、白滨译注《天盛改旧新定律令》第十"司序行文门"，第369~370页。
② 史金波、聂鸿音、白滨译注《天盛改旧新定律令》第四"边地巡检门"，第211页。笔者对《天盛律令》原译文有个别改译处，如"习判"改为"签判"。此后改译处不再一一注出，以引文为准。

可见正统军、副统军都比监军职位高。根据《天盛律令》可以推定统军司是在经略司之下、高于监军司的军事指挥机构，其正、副将领应是正统军和副统军。根据宋朝的记载，宋与西夏交战，西夏有"洪、宥、韦三州总都统军贺浪罗率众迎战"，都统军可能是正统军。① 黑水城出土的西夏文西经略使司副统应天卯年告牒，证实了《天盛律令》的记载（见图1-13）。②

**图1-13　西夏文西经略使司副统应天卯年告牒**

西夏军事法典《贞观玉镜统》（见图1-14）中有奖、罚规定，从中可知西夏军队职官的高低系列，自高至低为正统军、副统军、行监、溜监、正首领、首领，这些应是军职。《天盛律令》在规定守御边防军队官员失职的责任时，涉及正统、副统、刺史、边检校、首领等。这些也是自高至低的军职官员。③

---

① （宋）李焘：《续资治通鉴长编》卷四百九十，哲宗绍圣四年（1097年）八月丙戌条。
② 黑水城出土 Инв. No. 4207 西经略使司副统应天卯年告牒，高20.5厘米，宽53.2厘米，西夏文草书10行。末行有"应天卯年（1207年）六月"年款，有签署、画押。
③ 西夏文军事法典《贞观玉镜统》，出土于内蒙古自治区额济纳旗黑水城遗址，今藏俄罗斯科学院东方文献研究所手稿部，刻本，蝴蝶装，成书于西夏崇宗贞观年间（1101～1113年）。保留残序半页，指明此军事法典的制订为正军令、明赏罚，规范将帅至士卒在用兵、行军、作战时的行为。卷一仅存目录44条，可知内容为将帅受命、牌印旗鼓、行军布阵等。卷二为"功品"，为官兵在作战中杀敌、俘获的功赏。卷三为"罪品"，为军中逃叛、迟缓、不协、损失兵马、虚报隐瞒俘获罪以及首长阵亡部下罪等规定。卷四为"进胜品"，为官兵进攻、胜利的规定。见俄罗斯科学院东方研究所圣彼得堡分所、中国社会科学院民族研究所、上海古籍出版社编《俄藏黑水城文献》第9册，上海古籍出版社，1999，第345～365页；陈炳应《贞观玉镜将研究》，宁夏人民出版社，1995。

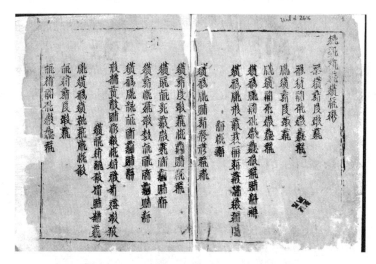

图 1-14　西夏文军事法典《贞观玉镜统》

（五）社区组织

西夏社区基层有多层组织管理，已趋于完善，并有完备的户籍编制制度。《天盛律令》规定：

> 各租户家主由管事者以就近结合，十户遣一小甲，五小甲遣一小监等胜任人，二小监遣一农迁溜，当于附近下臣、官吏、独诱、正军、辅主之胜任、空闲者中遣之。①

小甲—小监—农迁溜，是西夏农村的基层组织。10 户 1 小甲，5 小甲 50 户，设 1 小监管理，2 小监所管农户为 1 农迁溜，应管辖 100 户。《天盛律令》中又有乡里，如"京师界附近乡里""边地乡里地界"等。农迁溜是与里相当的组织，乡是更上一层的组织。

俄藏黑水城文书中有关于迁溜的西夏文文书，记录了迁溜所辖户口的具体状况。6342 号户籍账证实西夏社会有农迁溜的存在，该迁溜共有 79 户

---

① 史金波、聂鸿音、白滨译注《天盛改旧新定律令》第十五"纳领谷派遣计量小监门"，第 514 页。

和 35 个单身。又 8372 号是一赋税计账，所记 1 迁溜只有 54 户。看来《天盛律令》规定 1 迁溜 100 户仅是政府原则规定，具体每一迁溜管辖的户口可能视当地居民点的情况而定，可以少于法律规定的户数。

汉文文献没有关于西夏社会基层乡里组织的记载，而只有关于西夏基层军事组织的记录。西夏时期"首领各将种落之兵，谓之'一溜'"，① 军队的"溜"与乡里组织"迁溜"有密切关系，可能平时为"迁溜"，战时为"溜"。迁溜的负责人就是首领。②

中国古代的乡里始终未能成为一级政府，这样可减少政府的运行成本和减轻农民负担。西夏也采取这一行之有效的制度并依据自身特点而有所变易。从西夏法典规定可知，迁溜不是政府机构，而是民间社区组织；其负责人不是政府官员，而是从民间遴选的管理人员。

唐朝基层百户为里，5 里为乡。③ 宋代经历了由乡里制向保甲制的演变过程。宋初实行乡里制，中后期实行保甲制。宋神宗时始实行保甲法，10 户为 1 保，50 户为 1 大保，500 户为 1 都保。后改为 5 户 1 保，25 户 1 大保，250 户 1 都保，保各有长，都保各有正，正各有副。④ 西夏基层社区组织和户籍编制是参照中原地区的乡里组织和北宋变法后的保甲法变通而来的。

中国的乡里职能随着历史的发展而逐步扩大。中原地区的保甲职责是掌握乡民实际户口，编制户籍，督输税赋。西夏迁溜（里）的职能也很广，包括对所辖住户户口、土地、牲畜及其他财产的登记，编制申报乡里籍账，负责催缴租税，组织开渠、修渠等。西夏迁溜还有一种职能，就是对西夏基层军事组织军抄进行登记和管理。这种不同于中原地区的特殊职能与西夏征兵制度有密切关系。

相对于农迁溜，牧区或许有牧迁溜之类的组织。从《天盛律令》中可知，在牧人之上是牧小监，牧小监之上是牧首领。⑤ 牧小监、牧首领应是管

① （宋）李焘：《续资治通鉴长编》卷一百三十二，庆历元年（1041 年）五月戊戌条。
② 史金波：《西夏文军籍文书考略——以俄藏黑水城出土军籍文书为例》，《中国史研究》2012 年第 4 期。
③ 《旧唐书》卷四十三《职官二》。
④ 《宋史》卷一百九十二《兵制六》。
⑤ 史金波、聂鸿音、白滨译注《天盛改旧新定律令》第十九"校畜磨勘门"，第 589~590 页。

理牧区基层的负责人,相当于农区的小监、首领。但目前尚未见牧区中类似农区那样小甲—小监—迁溜具体管理户数的相应资料。这可能与牧区居住分散、居无定所有关。

西夏又有所谓迁统,可能是迁溜之上的管理人员,或为类似中原地区乡一级的负责人。①

## 第二节　西夏的自然环境

党项族原居住在青藏高原东麓、横断山脉北端,地处中国第一级阶梯向第二级阶梯云贵高原和四川盆地的过渡地带,属横断山系北段川西高山高原区,相当于今四川省西部的甘孜藏族自治州、阿坝藏族羌族自治州,以及青海省的果洛藏族自治州一带。地貌以高原和高山峡谷为主,长江上游主要支流岷江、大渡河纵贯全境,也是黄河流经四川的唯一地区,是黄河上游的重要水源地。气温自东南向西北并随海拔由低到高而相应降低。西北部的丘状高原属大陆高原性气候,四季气温无明显差别,冬季严寒漫长,夏季凉寒湿润;山原地带为温凉半湿润气候,夏季温凉,冬春寒冷,干湿季明显,气候呈垂直变化,高山潮湿寒冷,河谷干燥温凉;高山峡谷地带,随着海拔的升高,气候从亚热带到温带、寒温带、寒带,呈明显的垂直性差异。党项族长期居住在这种高山、低温的环境中从事着畜牧业,游牧于山间草场。

地区的自然环境是影响当地灾害的最重要因素。党项族长途跋涉举族向北迁徙,到达一个新的地域。新的地区与原来的自然环境有相似之处,但也有很多不同。党项族逐渐适应了这里的环境,受益于这里的自然恩惠,也承受着这里的自然灾害所带来的危险。

---

① 西夏文 Инв. No.7893-8 里统签判梁吉祥铁户口手实,出土于内蒙古自治区额济纳旗黑水城遗址,今藏俄罗斯科学院东方文献研究所手稿部,残卷,高 18.6 厘米、宽 50.6 厘米,西夏文草书 20 行,首行有"酉年二月"年款,有签署、画押。见俄罗斯科学院东方研究所圣彼得堡分所、中国社会科学院民族研究所、上海古籍出版社编《俄藏黑水城文献》第 14 册,上海古籍出版社,2011,第 212 页。

## 一　地形、地势、地貌

党项族新的地域即后来西夏建国的主要地区，地形、地貌多种多样，有平原，有草原，有山地，有沙漠。西夏的幅员由小到大，有一个发展过程。其境内的地形、地势、地貌随着地域狭阔的变化前后也有不同特点。

党项族北迁后，主要散布于陕、甘黄土高原地区。夏州党项政权形成后，居住地域相对集中。至 11 世纪初西夏立国时，地域大幅度扩张，表里山河，已有半壁江山气派。

中国地势总体西高东低，从青藏高原向北、向东，各类地形呈阶梯状逐渐降低，西夏地区本身也是西高东低。西夏人编写了一部西夏文类书《圣立义海》，其中记载了西夏人对地理自然条件的认识，明确记载"西高东低"，并解释："因风起西野，江河向东低流注也。"其中"山之名义"中记载了贺兰山尊、南边大山、积雪大山、焉支上山、西边宝山、沙州神山、西高沙山、天都大山等（见图 1-15）。①

西夏整体在秦岭的北边和东边，海拔多为 1000～2000 米。其间高低起伏。西部祁连山屏护着河西走廊。六盘山为其南部屏障，隔山与关中平原相望。北部是蒙古高原的鄂尔多斯和阿拉善高原，中间多沙漠，间有草原。东部、南部是黄土高原。贺兰山犹如一块蓝色宝石镶嵌其间。中间的河套平原富甲天下，河西走廊一线有富饶的绿洲。

《圣立义海》中记载了西夏人对地理自然条件的认识，分类描述了西夏的地貌特点：

> 托载诸物，地相五种：第一山林，野兽依蔽，牲畜宜居，土山种
> 谷；第二坡谷，野兽藏匿，利养牲畜，软处择种；第三沙窝，小兽虫

---

① 西夏文类书《圣立义海》，出土于内蒙古自治区额济纳旗黑水城遗址，今藏俄罗斯科学院东方文献研究所手稿部，分 5 册 15 卷，分门别类记录西夏自然状况、现实社会制度、生活习俗以及伦理道德，共 142 类，每类有若干词语，每一词语下有双行小字注释。该书有残刻本，存目录及正文 1/4 左右。俄罗斯科学院东方研究所圣彼得堡分所、中国社会科学院民族研究所、上海古籍出版社编《俄藏黑水城文献》第 10 册，上海古籍出版社，第 248 页；克恰诺夫、李范文、罗矛昆：《圣立义海研究》，宁夏人民出版社，1995，第 56 页。笔者对《圣立义海》原译文有改动处。此后改译处不再一一注出，以引文为准。

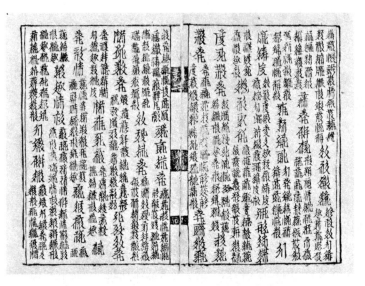

图 1-15　西夏文《圣立义海》有关西夏山的部分

藏，牲畜牧肥，不种谷熟；第四平原，畜兽多有，雨迎种地；第五河泽，野兽多有，宜养牲畜，不种生菜，郊园见□。

在该书"山之名义"下对西夏的山也做了特点描写。认为"夏国山美"，并记载"山体二种"，即有两种山：

石山诸林出宝石、矿产，野兽隐藏。沙山出细木，耕地广，出果粮也。

在"冬夏降雪"条下解释说：

夏国三大山，冬夏降雪，日照不化，永积。有贺兰山、积雪山、焉支山。[①]

---

① 俄罗斯科学院东方研究所圣彼得堡分所、中国社会科学院民族研究所、上海古籍出版社编《俄藏黑水城文献》第 10 册，第 248~249 页；克恰诺夫、李范文、罗矛昆：《圣立义海研究》，第 57 页。

贺兰山、积雪山、焉支山是西夏三座大山。

贺兰山在西夏偏东部地区，南北走向，南北长 220 公里，东西宽 20~40 公里。南段山势平缓，三关口以北的北段山势较高，海拔 2000~3000 米。主峰海拔 3556 米。贺兰山为石质中高山，山高坡陡，气势雄伟。山地东西不对称，西侧坡度和缓，东侧以断层临银川平原（见图 1-16）。

图 1-16　贺兰山

积雪山应指祁连山。祁连山在西夏的西部，位于今青海省东北部与甘肃省西部交界处，由多条西北—东南走向的平行山脉和宽谷组成。因位于河西走廊南侧，又名南山。西端在当金山口与阿尔金山脉相接，东端至黄河谷地与秦岭、六盘山相连。长近 1000 公里，最宽处在酒泉市与柴达木盆地之间，达 300 公里。自北而南，包括大雪山多座山峰。高峰海拔多在 4000~5000 米，终年积雪，最高峰海拔 5808 米。山间谷地海拔也在 3000~3500 米。东段山势由西向东降低，其间夹有谷地。祁连山有大量冰川，在山前形成大绿洲（见图 1-17）。

《圣立义海》记载有"南边大山"，并记是"夏国土羌（吐蕃）边马庄

图 1-17　祁连山

卓啰"，① 即在西夏与藏族地区之间。西夏卓啰监军司在庄浪河一带，位于庄浪河与祁连山之间，当时正是西夏与吐蕃交界处。所谓"南边大山"可能指祁连山南端的马衔山一带。

焉支山又名胭脂山，亦名删丹山、大黄山、燕支山，在祁连山中段北侧，今甘肃省山丹县城南 40 公里处，山虽面积不大，但为中国西部名山。古代曾为匈奴所据。有无名氏作歌"亡我祁连山，使我六畜不蕃息；失我焉支山，使我妇女无颜色"，② 千百年来广为传唱。山南北宽 20 公里，东西长 34 公里，海拔 2000 余米，主峰高 3978 米。峡谷两侧崇山峭直。

六盘山位于西夏南部，在今宁夏、甘肃、陕西交界地带，南北走向，逶迤 200 余公里，南段称陇山，是近南北走向的狭长山地。山脊海拔超过2500 米。山路曲折险狭，须经六重盘道才能到达顶峰，因此得名。山地东坡陡峭，西坡和缓。

西夏北部地区有大面积的沙漠和戈壁地貌，自西向东有巴丹吉林沙漠、腾格里沙漠和毛乌素沙漠。巴丹吉林沙漠是中国第三大沙漠，在内蒙古西部，

---

①　俄罗斯科学院东方研究所圣彼得堡分所、中国社会科学院民族研究所、上海古籍出版社编《俄藏黑水城文献》第 10 册，第 249 页；克恰诺夫、李范文、罗矛昆：《圣立义海研究》，第 59 页。

②　《史记》卷一百一十《匈奴列传》，中华书局点校本，1976。

弱水以东。地处阿拉善荒漠中心、高大沙山间的低地有内陆小湖，主要分布在沙漠的东南部。地质构造上属阿拉善地块，地势平缓，主要由剥蚀低山残丘与山间凹地相间组成，形成广泛分布的戈壁和沙漠。在沙漠范围内，广大地区全为沙丘覆盖，沙丘高大密集（见图1-18）。

腾格里沙漠是中国大沙区之一，介于贺兰山与雅布赖山之间，位于今内蒙古自治区阿拉善左旗西南部和甘肃省中部，其间分布着数百个存留数

图1-18　巴丹吉林沙漠

千万年的原生态湖泊。沙丘、湖盆、草滩、山地、残丘及平原等交错分布。毛乌素沙漠在阿拉善地区的东南部，包括今内蒙古自治区的鄂尔多斯南部、陕西省北部和宁夏东北部，位于鄂尔多斯高原与黄土高原之间的湖积冲积平原凹地。

西夏占据着中国黄土高原的大部分地区。中国有世界上最大的黄土高原，在中国中部偏北，包括太行山以西、秦岭以北、乌鞘岭以东、长城以南的广大地区。跨山西、陕西、甘肃、青海、宁夏及河南等省区。除少数石质山地外，高原上覆盖深厚的黄土层，黄土厚度为50~80米。西夏的黄土高原西起湟水流域，经六盘山山麓、鄂尔多斯高原。黄河流过黄土高原，堆积的黄土经流水冲刷作用，侵蚀发育了现代的各种黄土地貌。

西夏地区的平原虽在第二级阶梯，海拔较高，但习惯上仍称为平原，而不叫高原，其中河套平原，包括宁夏平原是黄河冲积而成的。河套指黄河"几"字弯区域和其周边流域，是黄河中上游两岸的平原、高原地区，位于北纬37°线以北。史载"河以套名，主形胜也。河流自西而东，至灵州西界之横城，折而北，谓之出套。北折而东，东复折而南，至府谷之黄甫川，入内地迂回二千余里，环抱河以南之地，故名曰河套"。[①] 即黄河先沿

①　何丙勋：《河套图考·序》，（清）杨江《河套图考》，陕西通志馆，1936。

贺兰山向北，再因阴山阻挡而向东，后沿吕梁山折向南，呈"几"字形，故称"河套"。河套这种地形在世界大江大河里堪称绝无仅有。河套包括银川平原（宁夏平原）和鄂尔多斯高原、黄土高原的部分地区，今分属宁夏、内蒙古、陕西，几乎全在西夏境内，位于西夏东部。因其地历代均以水草丰美著称，故有民谚"黄河百害，唯富一套"之说。

银川平原在贺兰山以东的黄河流域，西部、南部较高，北部、东部较低，略呈西南—东北方向倾斜。地貌类型自西向东为洪积扇前倾斜平原、洪积冲积平原、冲积湖沼平原、河谷平原、河漫滩地等。海拔在1010~1150米，土层较厚。

西夏文、汉文对照词语集《番汉合时掌中珠》中在"地相"部分收录了地形地貌相关词语，其中有泛指的"八山""四海"，有河水之始的"泉原"，有展现地貌特点的"坡岭""岩谷""沟洫""水泊""土沙"，此外还加入了人工修造的"渠井"（见图1-19）。

图1-19　《番汉合时掌中珠》中部分"地相"词

## 二　气候

整个西夏地区属典型的大陆性气候，冬季长而气温低，空气干燥，农作物生长时间短。这里雨量少，常干旱，这是农牧业生产的不利因素。但西夏地区日照充足，热量丰富，太阳辐射强，昼夜温差大，这又成为农业生产的有利条件。山脉对降雨有显著影响，迎风坡的雨量随海拔的上升而增加，使同一地区的植被大不相同。像祁连山和贺兰山北坡森林郁郁葱葱，贺兰山"树木青白，望如驳马"，山麓却为干旱的荒漠。

西夏地区大多干旱少雨，除能用河水灌溉的地区外，常发生旱灾。多数地区是靠天吃饭，春天无雨土地干旱难以播种，夏秋无雨禾苗缺水没有收成。西夏文中的"雨"（𗼨）字由"圣"（𗴱）和"泽"（𗵒）二字合成，可见西夏时期对雨的珍视和渴求。

西夏时期当地自然条件要比现在好。根据历史文献的记载，当时的秦州（今甘肃省天水市）、西北陇山（六盘山）一带长有很多树木。文献记载秦州"西北夕阳镇（今甘肃省天水市新阳镇），连山谷多大木，夏人利之"。[①]

《圣立义海》记载西夏时期其境内很多山上长着郁郁葱葱的树木，有多种野兽出没其中，西夏的贺兰山中"藏有虎、豹、鹿、獐"，南边大山中"树草丛生，野兽多有"。[②]

总之，西夏的自然环境比起中原地区要恶劣得多，像河套地区这样维系西夏生存、得天独厚的膏腴之地稀少。当时虽然不少地区植被比现在要多，环境相对要好，但由于西夏时期一些地区已经在超负荷使用水利、土地和其他资源，加上战乱频仍，人民流离失所，环境的恶化愈发严重。

西夏高山气候寒冷，《圣立义海》"冬夏降雪"条解释说："夏国三大山，冬夏降雪，日照不化，永积。"西夏地区气候凉爽，但夏天依然有炎热的天气。夏季天气炎热时，西夏皇帝也要避暑，因而在都城外山区建了多处离宫，或称避暑宫。

天授礼法延祚五年（1042年），元昊为太子宁令哥娶妇没口移氏，却将其纳为自己的妃子，令其居住在六盘山中的天都山避暑宫。六盘山历来有"春去秋来无盛夏"之说。

西夏皇帝的避暑宫建在天都山附近的南牟会城（今宁夏回族自治区海原县西安州古城）（见图1-20）。宋朝文献记载熙河路都大经制司言："军行至天都山下营，西贼僭称南牟，内有七殿，其府库、馆舍皆已焚之。"[③]

西夏景宗元昊于天授礼法延祚九年（1046年）在都城兴庆府内建避暑宫，逶迤数里，亭榭台池，并极其盛。[④] 后来，元昊又在贺兰山修建离宫（见图1-21）。可知当时西夏银川夏日气候仍然炎热，需要到更凉爽的山区避暑。

---

① 《宋史》卷二百七十《高防传》。

② 克恰诺夫、李范文、罗矛昆：《圣立义海研究》，第58页。

③ （宋）李焘：《续资治通鉴长编》卷三百一十九，神宗元丰四年（1081年）十一月乙丑条；刘华：《西夏南牟会遗址考》，《宁夏大学学报》1999年第1期。

④ （明）胡汝砺编，管律重修，陈明猷校勘《嘉靖宁夏新志》卷二，宁夏人民出版社，1982。

图 1-20　古西安州遗址

祁连山地区位于我国季风区与非季风区分界线的西侧，为干旱、半干旱地区，光照充足。气候垂直分布，形成森林、草地和农田绿洲三部分。

《圣立义海》记载有所谓"南边大山"，并注释"有多种树，野兽多居，山下泉水灌耕"。[①] 据西夏地形，所谓"南边大山"似应指西夏南部的秦岭北部一带，这里的降雨量要多一些。

沙漠中毛乌素沙区，常发生旱灾和涝灾，旱多于涝。东部干草原地带降水量比西北部半荒漠地带要多。

图 1-21　贺兰山西夏离宫遗址

巴丹吉林沙漠气候干旱，流动沙丘占全部沙漠面积的绝大部分。属大陆性气候，降水量少，夏天沙面温度高。

银川平原属典型的中温带大陆性气候。贺兰山是阻挡西北冷空气和风沙长驱直入银川的天然屏障。银川平原四季分明，春迟夏短，秋早冬长，昼夜温差大，雨雪稀少，水汽蒸发强烈，气候干燥，风大沙多，是中国太阳辐射和日照时数最多的地区之一。

---

① 参见克恰诺夫、李范文、罗矛昆《圣立义海研究》，第59页。

### 三　河流分布

中国的母亲河黄河流贯西夏地区，其流向很有特点，从青藏高原经兰州，北流过灵州、中兴府，再北流形成河套地区，复东流，然后几乎沿宋、夏边界转向南流，形成一个"几"字弯。黄河上游主流贯穿西夏达 2000 余公里，约占黄河流长的一半，是西夏的主要河流。黄河流入宁夏平原，流经中卫市、吴忠市、银川市（见图 1-22、图 1-23）。河套包括黄河中上游两岸的平原、高原地区，因农业灌溉发达，又称河套灌区。黄河冲积成的银川平原地表水水源充足，水质良好，富含泥沙，有肥田沃地之功。境内沟渠成网，湖泊湿地众多。

图 1-22　宁夏中卫沙坡头黄河

图 1-23　宁夏银川一带的黄河

黄河上中游的一些支流也在西夏境内，如湟水、洮河、清水河、窟野河、无定河等。湟水又名西宁河，是黄河重要支流，位于青海省东部，发源于海晏县包呼图山，东南流经西宁市，到甘肃省兰州市西面的达家川入黄河。当时这里自然环境不错。洮河古称漒水，发源于青海省西倾山东麓，由西向东在甘肃省岷县境内折向北流，于永靖县汇入黄河。清水河也称西洛水，发源于六盘山北侧固原开城镇境内，向北流经固原市、海原县、同心县、中宁县等地，在中宁的泉眼山流注黄河。窟野河在黄河中游，发源于内蒙古自治区东胜区巴定沟，流向东南，于神木市注入黄河。无定河发源于定边县白于山北麓，流经陕西省北部定边、靖边、横山、米脂、绥德和清涧县，上游叫红柳河，流经靖边新桥后称无定河（见图1-24）。黄河及其支流灌溉两岸土地，但流经黄土高原地带时裹挟了大量泥沙，较为浑浊，流域水土流失严重，洪灾频发。

图1-24　统万城下的无定河

西夏西部祁连山区的水系向四周较低处辐射，又受西北—东南走向的地形构造限制，顺此方向的河谷长大宽展，横向切穿山脉的河谷成为峡谷。由于北部、东部山地高大，雨雪较多，东部的大通河、湟水等水量丰富，得以汇入黄河而使该地成为外流区。

祁连山南部比较干燥。祁连山的冰川冰雪融化后在其东部、北部汇成石羊河、黑河、疏勒河三大内流河水系。三条河水量都较大，形成河西走廊—阿拉善内流区和鄂尔多斯内流区，是甘肃河西走廊绿洲的水源基础。受影响最大的是祁连山系河流中下游的河西走廊和内蒙古额济纳旗等地区。最著名的是黑水河，它向北流入居延海，造就了一系列绿洲，使该地成为西夏粮食生产的基地（见图1-25）。河西走廊"甘、凉之间，则以诸河为溉"，"诸河"即指祁连山雪水汇成的河。沙州也是那一带的绿洲之一，"居民恃土产之麦为食"。① 可见当时河西走廊地区有发达的农业区。

图 1-25　黑水入注居延海

原来的内陆河黑水比现在水量大，流程长。其下游的重要城市黑水城依黑水而建，下游的居延海在西夏时期仍有丰富的水量（见图1-26）。

## 四　森林植被

西夏中部的贺兰山、南部的六盘山、西南部的秦岭北沿以及祁连山都有森林，河套地区也属于较湿润的地区，尽管北部多沙漠，但一些地区森林植被较多。据《圣立义海》记载，贺兰山中"有种种林丛、树、果、芜

---

① 《马可波罗行纪》第五十七章，冯承钧译，上海书店出版社，2000。

图 1-26　黑水城遗址附近的黑水

荑、药草，藏有虎、豹、鹿、獐"。贺兰山植被垂直带变化明显，有高山灌丛草甸、各种林木、山地草原等多种类型。现在的动物仍有马鹿、獐、盘羊、金钱豹、青羊、石貂、蓝马鸡等 180 余种，但虎已经绝迹。

西夏的南边大山"有多种树"，西高沙山"有万种树木"，天都山"多树，有竹"。[①] 可见当时的山区树木很多。而南面的天都山还有竹子，可知当时气候温暖湿润，植被好于现在（见图 1-27）。

图 1-27　天都山

---

① 俄罗斯科学院东方研究所圣彼得堡分所、中国社会科学院民族研究所、上海古籍出版社编《俄藏黑水城文献》第 10 册，第 249~250 页；克恰诺夫、李范文、罗矛昆：《圣立义海研究》，第 58、59、60 页。

西部的祁连山东部分布有寒温性针叶林。焉支山整个区域被葱郁茂密的原始森林所覆盖。腹地有獐、鹿、獾羊等野生动物出没其间。

西夏西南部秦州一带（今为甘肃省天水市）是宋和西夏的交界地带。前述这里出产大量大木，为宋朝和西夏所争夺，这里应有大面积原始森林。此地为秦岭山地北沿，森林资源丰富。至今这里的森林覆盖率仍高达45.5%。

银川湿地植被很好，有丰富的动植物资源，湿地植物种类繁多，是中国西北地区重要的鸟类栖息地之一。

《圣立义海》在描绘西夏的沙漠时有"坡丘覆草，地软草茂。小兽虫藏：蝎、蛙、小鼠及沙狐多藏伏。畜类牧肥：沙窝长草、白蒿、蓬头厚草，诸种混，四畜群中骆驼放牧得宜也。不种禾熟：沙丘无有种处，天赐草谷、草果，不种自生"的记载，[1] 将沙漠地区的特殊植被和其他物产做了具体介绍。这里有沙有草，也有小动物，野生多种草，适宜放牧骆驼，不用耕种，天生牧草。

至今巴丹吉林沙漠沙丘和沙山上长有稀疏植物，西部以沙拐枣、籽蒿、霸王、麻黄为主；东部主要为籽蒿和沙竹，沙拐枣、麻黄、霸王已逐渐减少。巴丹吉林沙漠湖周植物生长茂密，多为湿生、盐生等类型，常以湖水为中心与周围沙丘呈同心圆状分布，接近沙丘的地段出现以沙生植物为主的固定、半固定沙堆。海子周围常为牧场及聚落所在。西夏时期在这里创建了黑水城（见图1-28）。

图1-28　黑水城遗址及其稀疏植被

---

① 俄罗斯科学院东方研究所圣彼得堡分所、中国社会科学院民族研究所、上海古籍出版社编《俄藏黑水城文献》第10册，第248页；克恰诺夫、李范文、罗矛昆：《圣立义海研究》，第57页。译文有修正。

沙漠西南部大部有植被覆盖，主要为麻黄和油蒿；沙漠中部、南部和北部洼地里，植物生长较好，主要为蒿属。流动沙丘以格状沙丘和格状沙丘链为主，一般高 10~20 米，也有复合型沙丘链高 10~100 米，常向东南移动。沙漠中有大小湖盆 422 个，其中 251 个有积水，主要为泉水补给和临时集水，大部分为第三纪残留湖，是人口的主要集居地。沙漠地区多蒿类植物，这与八九百年前西夏时期的记载是一致的。

西夏西北地区的黑水城一带有特色的乔木是胡杨（见图 1-29）。胡杨是落叶中型天然乔木，直径可达 1.5 米，木质纤细柔软，树叶阔大清香，耐旱耐涝，生命力顽强，是自然界稀有的树种之一。树龄可达 200 年，高 10~15 米，稀灌木状。其树叶奇特，因生长在极旱荒漠区，为适应干旱环境，生长在幼树嫩枝上的叶片狭长如柳叶，大树老枝条上的叶却圆润如杨树叶。胡杨树在极其干旱的环境中也能深深扎根生长。当树龄开始老化时，便逐渐自行断脱树顶的枝杈和树干，最后降到三四米高，依然枝繁叶茂，直到老死枯干，仍旧站立不倒。人们赞扬胡杨是"生而不死一千年，死而不倒一千年，倒而不朽一千年"。

图 1-29　黑水城遗址附近的胡杨林

　　西夏的黄土高原部分，黄土颗粒细，土质松软，含有丰富的矿物质养分，利于耕作，盆地和河谷农垦历史悠久，是中国古代文化的摇篮。但由于缺乏植被保护，加之夏雨集中，且多暴雨，在长期流水侵蚀下地面被分割得非常破碎，形成沟壑交错其间的塬（黄土平台）、墚（平行于沟谷的长条状高地）、峁（呈浑圆状孤立的黄土丘），水土流失严重，植被很差（见图1-30）。

**图1-30　黄土高原（陕北栲栳寨）**

## 五　土壤、耕地及沙漠化

　　西夏经济以农牧业为主，而农牧业与土地环境关系密切，其灾害的发生也与土地密切相关。

### （一）土壤和耕地

　　黄土高原的黄土土质肥沃，利于耕垦，但水土流失严重。黄土高原平坦耕地比例偏小，绝大部分耕地分布在10°~35°的斜坡上，地块狭小分散。

　　由于西夏各族人民的生活需要，以及频繁战争中军粮的需求，粮食生产成了西夏的支柱产业。一方面，粮食供给食用，满足社会的需求；另一方面，统治这些地区的党项贵族也需要农业税收，以供养他们的消耗和军队的需用。然而开始时由于生产力水平不高，连军队的食粮都难以保障。宋人记载，西夏"少五谷，军兴，粮馈止于大麦、荜豆、青麻子之类"。①

党项统治者与宋对抗的目的是占有尽可能多的土地。宋、辽、夏各王朝对土地的争夺几乎没有停止过。土地越多，耕地、牧地就越多，被统治的人口也越多，这样不仅势力扩大了，赋税也增加了。有更多更好的耕地就能增加民用和军用食粮。

土地是生产粮食的基础。任何民族发展农业都要有耕地，也就是要有一个相对稳定的农业地区。李继迁与宋朝分庭抗礼后，很长一段时间其统治地域不稳定。一开始，党项族便失去了过去相对稳定的五州地域，不得不迁到鄂尔多斯地区的地斤泽。那里"善水草，便畜牧"，党项族在那里只能从事畜牧业。此后虽也曾占据一些宜农之地，但因转徙无常，地域不定，而仍以畜牧业为主。这时他们所需要的粮食一方面是通过交换获得的，另一方面是通过掠夺获得的，特别是与宋朝关系不好的时候更是如此。宋至道二年（996年），朝廷派将率兵护刍粟40万石赴灵州，李继迁率部邀击于浦洛河，击败宋护粮军，尽夺粮运。② 宋咸平三年（1000年），宋又派兵护粮赴灵州，李继迁事先侦得消息，聚集万余人乘夜夺取粮食。③ 直到西夏立国后，若占领宋州城不能守，则抢掠粮食。如西夏天授礼法延祚四年（1041年）攻宋府州（今属陕西省榆林市府谷县）时，纵兵割刈庄稼，掘挖窖藏。④

党项族首领扩大势力的过程，同时也是不断掠夺人口、抢夺畜物、争夺土地的过程。从大的范围看，党项政权自唐末至五代基本上统治着以夏州为中心的五州之地，宋朝初年要结束这种半独立状态，采用武力进攻和拉拢党项上层的方法收回五州之地。李继迁与宋作战的过程中，在取得一定胜利后，为了满足粮食的需要，逐渐注意利用土地，经营农业。宋咸平四年（1001年），李继迁在两次夺取宋朝粮运后，进而围攻灵州，"据其山川险要，凡四旁膏腴之地，使部族万山等率蕃卒驻榆林、大定间，为屯田

---

① （宋）曾巩：《隆平集》卷二十，文渊阁四库全书本。
② 《宋史》卷四百八十五《夏国传上》、卷二百八十《田绍斌传》。
③ 《宋史》卷二百七十三《李守恩传》。
④ 《宋史》卷四百八十五《夏国传上》。

计，垦辟耕耘，骚扰日甚"。这实际上是党项政权屯田的开始。①

与此同时，宋朝也在边境地区加强对耕地的经营。宋咸平四年（1001年），陕西转运使刘综建议在宋、夏边界屯田：

> 宜于古原州建镇戎军置屯田。……请于军城四面立屯田务，开田五百顷，置下军二千人、牛八百头耕种之；又于军城前后及北至水峡口，各置堡寨，分居其人，无寇则耕，寇来则战。就命知军为屯田制置使，自择使臣充四寨监押，每寨五百人充屯戍。②

宋真宗批准了这一建议，收到亦耕亦战、以耕养战的效果。

李继迁抗宋之初是为了继续保有党项政权的统治地区，但当他恢复了原有的辖地后，并不满足，而是尽力扩充地盘。李继迁攻占灵州后，获得了不少耕地。继而党项政权又囊括了河套平原，增加了大批耕地，特别是其中有很多优质水浇地；后来又占领河西走廊，不少耕地又为西夏所有。

从西夏全境看，其地形高山、沙漠多，宜于农业的平原较少。与中原地区平原、丘陵较多，宜农地区比例很大的情况相比较，西夏的地形对粮食生产不太有利。宋代文献记载："夏国赖以为生者，河南膏腴之地，东则横山，西则天都、马衔山一带，其余多不堪耕牧。"③

文献记载，西夏辖区内有不少历来农业比较发达的地区，如陕西北部、河套地区、灵州一带及河西走廊地区。河套地区"饶五谷，尤宜稻麦。甘、凉之间，则以诸河为溉，兴、灵则有古渠曰唐来，曰汉源，皆支引黄河。故灌溉之利，岁无旱涝之虞"。④ 这里优越的农业条件，维系着西夏的经济命脉（见图1-31）。

西夏的山地和耕地有密切联系。如祁连山地区为干旱、半干旱地区，光照充足，这为植物有机物养分、糖分的积累提供了有利的条件。祁连山

---

① （清）吴广成：《西夏书事》卷七。
② 《宋史》卷一百七十六《食货志上四》。
③ （宋）李焘：《续资治通鉴长编》卷四百六十六，哲宗元祐六年（1091年）九月壬辰条。
④ 《宋史》卷四百八十六《夏国传下》。

图 1-31　宁夏河套稻田

的气候垂直分布，形成森林、草地和农田绿洲三部分，高山冰雪融水又为绿洲农业提供了必要的水源。祁连山地区位于河西走廊，多山麓冲积扇，白色土壤，富含岩石风化的矿物质养分，这为绿洲农业提供了土地资源。所以，该地绿洲农业发达，出产的瓜果特别甜。

　　西夏立国以后，与邻国特别是宋朝争夺边界耕地仍然是斗争的焦点，也是双方经常开战的重要原因。可以说，宋夏之间的冲突多因耕地而起。比如，麟州屈野河一带的耕地是宋夏争夺很激烈的地区。屈野河西距西夏边界尚有 70 里，因双方争执，成为禁耕闲田。但西夏还是破禁耕种，元昊时已侵耕 10 余里，至谅祚时权臣没藏讹庞垂涎这里的土地"膏腴厚利"，"令民播种，以所收入其家，岁东侵不已，距河仅二十里，宴然以为己田"。①显然，没藏讹庞又向东侵耕了 40 里。在环州一带也发生争夺耕地的事件。那里宋夏双方的土地"犬牙交错，每获必遭掠。多弃弗理，（俞）充檄所部复以时耕植"。宋守将俞充命人恢复耕植宋夏边界的耕地。有时宋人被迫丢弃的田地，西夏人则占据。只是后来宋朝边吏加强了守御，西夏人才返还耕田。②兰州附近的质孤、胜如两座堡寨一带，是汉朝赵充国屯田之所，土地肥沃，有河水灌溉。西夏惠宗时，宋朝在此筑堡，将原住党项人赶走。党项

　　①　《宋史》卷四百八十五《夏国传上》；（清）吴广成：《西夏书事》卷二十。
　　②　《宋史》卷三百三十三《俞充传》。

人流离失所，因饥饿难以存活，惠宗又下令百姓自行争夺，此地成了双方力争的焦点。西夏天祐民安元年（1090年），国相梁乞逋仍与宋争夺此地。[①] 延州一带也是如此。崇宗天祐民安七年（1096年），乾顺与母梁氏率大军进逼延州，攻破金明寨，得城中粮五万石，草千万束。[②] 此举是为了报复宋军荡平西夏为护耕所建的堡寨的行为。西夏为了扩大耕地，甚至采用夜间侵耕的方法。陕西大理河以东"资粮易集"，乾顺令番部扬言"城里是汉家，城外是蕃家"，使人常于夜间直至大理河东葭芦境上侵耕旷地，白天则退归本界。[③]

宋朝也在边界抢耕农田。元丰元年（1078年）十一月，西夏宥州请宋朝禁止在麟州、府州耕地，宋神宗令边民不得违禁，同时提出西夏人巡马也应依旧处居住。宋朝河东守王崇拯与西夏首领协议，以沙河为界，委官标量合耕地各三十顷，于是丰州界至乃明。[④]

元丰年间知太原府吕惠卿上《营田疏》，力主在宋夏陕西边界屯田：

> 今葭芦、米脂里外良田，不啻一二万顷，夏人名为"真珠山"、"七宝山"，言其多出禾粟也。若耕其半，则两路新寨兵费，已不尽资内地，况能尽辟之乎？……凡昔为夏人所侵及苏安靖弃之以为两不耕者，皆可为法耕之。[⑤]

西夏人视为"真珠山""七宝山"的耕地，是优质粮田。元丰七年（1084年），吕惠卿将其计划付诸实施：

> 惠卿雇五县耕牛，发将兵外护，而耕新疆葭芦、吴堡间膏腴地号木瓜原者，凡得地五百余顷，麟、府、丰州地七百三十顷，弓箭手与民之无力及异时两不耕者又九百六十顷。惠卿自谓所得极厚，可助边

---

① 《宋史》卷四百八十六《夏国传下》。
② 《宋史》卷十八《哲宗纪》、卷四百八十六《夏国传下》。
③ （宋）李焘：《续资治通鉴长编》卷五百五，哲宗元符二年（1099年）正月丁巳条。
④ （宋）李焘：《续资治通鉴长编》卷二百九十四，神宗元丰元年（1078年）十一月丁亥条。
⑤ 《宋史》卷一百七十六《食货志上四》。

计，乞推之陕西。①

此举可谓声势浩大，后因这里屯田靡费人力、物力太多，甚至入不敷出，终未得到推广。

有时为了土地还涉及第三国。宋徽宗时，蔡京专政，童贯擅兵，常对西边西夏、吐蕃开边生事。当时辽、夏修好，辽将成安公主嫁与西夏崇宗乾顺。西夏因宋朝出兵犯界乞援于辽，辽使出使宋朝时，为西夏说项，希望宋朝早日退兵，还给西夏耕地。② 不难看出，西夏前期历朝对争夺边境土地十分重视，这甚至成为朝廷外交的侧重点。

对普通百姓来说，土地关系到饥饱问题，有了好的土地就有了食品，基本生活就能得到保障。土地，特别是所谓"膏腴之地"，关系到国库的丰盈，军队的供给，社会的安定。因此，西夏与宋朝争夺土地，不断为此发生争战，这既是政治行为、军事行为，也是实实在在的经济利益问题。宋、夏双方统治者把占有土地当作权力的扩大，而损失土地意味着丧权辱国。

### （二）沙漠化

西夏北部地区有巴丹吉林沙漠、腾格里沙漠和毛乌素沙漠，面积大，干旱程度深。这些沙漠地形对附近地区逐渐侵蚀，构成严重的沙漠化威胁。特别是西夏王朝所在地区耕地比例小，在粮食缺乏的情况下，不断将沙漠、戈壁中的绿洲开垦成耕地，更加速了沙漠化进程。

以黑水一带为例。黑水—居延地区，在6500万年前的白垩纪，雨量充沛，河湖遍地，森林密布，恐龙等大型爬行动物在这里悠闲生活。后来这一地区环境发生了变化，特别是喜马拉雅山隆起，挡住了印度洋吹来的暖湿气流，这里原有的大量森林、草原、河湖逐渐消失了，日益干旱化、沙漠化、戈壁化，只剩下一条祁连山流下来的黑水及河两岸的绿洲。由于地球气候变暖，黑水—居延地区气候越来越恶劣。

黑水，即古之弱水，为内陆河，它源自甘肃省河西走廊南侧的祁连山。祁连山上的冰雪融水穿行于深山峡谷，集合几条支流后，汇成水量丰沛的

---

① 《宋史》卷一百七十六《食货志上四》。
② 《宋史》卷二十《徽宗纪》。

黑水。黑水自张掖浩浩荡荡，逶迤千里向北流入戈壁后，又分成东西两支，一称东河，一称西河，蜿蜒北去，最后形成了巨大的内陆湖泊——居延海。距今 7500 年以前就已经形成的居延泽，水面面积有 700 多平方公里。距今 2500 年前，居延泽西北出现了另一个内陆湖——苏泊淖尔。西夏时期，在苏泊淖尔以西又出现了另一个内陆湖——嘎顺淖尔。在黑河末端的冲积扇上，自东南向西北有居延泽、苏泊淖尔、嘎顺淖尔三个湖泊。这里生长着一种生命力顽强又耐旱的稀有树种胡杨（见图 1-32）。

**图 1-32　黑水河畔的胡杨**

原来黑水比现在水量大，流程长。在居延泽西边有一些巨大的沙垅，集合了高大的复合型沙丘链和金字塔状沙丘，有高耸的沙峰、深邃的沙壑、断崖般的沙壁、刀削似的沙刃。在强劲的西北风的作用下，沙垅逐渐东移，沙漠面积逐渐扩大，堵塞了原来的河道，黑水便改道向北流入地势低洼的苏泊淖尔和嘎顺淖尔两个盆地，居延泽进水量越来越小。

人类活动也是造成这里生态环境恶化的原因之一。黑水—居延一带，西汉时成为防御匈奴的前哨据点，汉朝派大量军队，一面戍边，一面屯田。大面积的屯田使当地沙漠化加速。

西夏在黑水下游河畔建置新城，该城成为沙漠中绿洲的中心，并作为西夏十二监军司之一黑水镇燕军司的治所，称为黑水城。黑水，西夏文为𗋽𗰱，西夏语称"额济纳"。"额济"，"水"意；"纳"，"黑"意。这一带虽然干旱少雨，但黑水河所经途中，浸润万物，处处形成水草丰美的绿洲。绿洲、草原、沙漠交错分布，形成这里独特的自然环境。黑水城虽处戈壁大漠之中，但因当时有灌溉之利，而成为农牧两旺之乡。

西夏时期不仅在黑水下游的黑水城一带大量垦殖土地，将绿洲土地开辟成农田，加速了自然植被的减少，加快了附近地区沙漠化的进程，而且黑水上游人口增加，大量开发农田，兴修水坝，截水灌溉，造成下泄水量减少，黑水流程缩短，使这片绿洲面临消失的危险（见图1-33）。

明清以降，黑水城渐遭废弃，成为死城。黑水城一带河水断流，绿洲面积大大缩小，大片土地沙漠化，当地由农牧兼营地区，逐步变为以牧业为主的地区（见图1-34）。

图1-33　内蒙古额济纳旗西夏绿城的水渠遗址

图1-34　黑水城一带的毛乌素沙漠

## 第三节　西夏的人文状况

### 一　人口和城镇

西夏的统治者注重人口的增加。封建统治者以占有更多的土地和更多的被统治人口为目的。这样不仅扩大了势力，同时也增加了赋税。西夏统治者扩大势力的过程，同时也是不断掠夺人口、抢夺畜物、争夺土地的过程。西夏统治者对统治地域和人口的追求，对权力和财富的渴望，士兵对所掳掠人、畜、物的占有欲，国家对作战有功人员的优厚奖励，对失职和战败官兵的严厉惩罚，所有这些因素更加强化了西夏对人口的需求，也促使西夏人口增加。

西夏总计有多少人口，因未修西夏正史，缺乏志书类文献，而无明载。因此，后世学者不得不利用间接的资料测度西夏的人口，但各人研究的结果出入较大，从 100 多万、200 多万、300 多万、400 多万，到 900 多万，莫衷一是。① 就目前所见到的资料而言，西夏人口数量问题一时难有确切结论。

迁徙到内地的党项部落，仍然从事游牧活动，财富渐有积累，人口迅速增殖，利用西夏军队的数量推断西夏的人口是一个可资参考的途径，因为西夏的军队属于男子全民皆兵体制。据汉文文献记载，元昊建国前后有兵数十万：

> 诸军兵总计五十余万。别有擒生十万。兴、灵之兵，精练者又二万五千。别副以兵七万为资赡，号御围内六班，分三番以宿卫。②

---

① 漆侠、乔幼梅估算西夏人口约为 100 万，参见漆侠、乔幼梅《中国经济通史·辽夏金经济卷》，经济日报出版社，1998，第 245~248 页。赵斌、张睿丽撰文《西夏开国人口考论》，认为西夏建国时的人口在 100 万左右波动，参见赵斌、张睿丽《西夏开国人口考论》，《民族研究》2002 年第 6 期。赵文林、谢淑君认为西夏人口经历了 154 万、230 万~250 万、175 万三个阶段，参见赵文林、谢淑君《中国人口史》，人民出版社，1988。李虎认为西夏有 400 万人口，参见李虎《西夏人口问题琐谈》，李范文主编《首届西夏学国际学术会议论文集》，宁夏人民出版社，1998。余苇青认为西夏人口达 900 万，参见余苇青《试论西夏人口消失的原因》，李范文主编《首届西夏学国际学术会议论文集》。

② 《宋史》卷四百八十六《夏国传下》。

又载，西夏：

> 置十二监军司，委豪右分统其众。自河北至午腊蒻山七万人，以备契丹；河南洪州、白豹、安盐州、罗落、天都、惟精山等五万人，以备环、庆、镇戎、原州；左厢宥州路五万人，以备鄜、延、麟、府；右厢甘州路三万人，以备西蕃、回纥；贺兰驻兵五万、灵州五万人、兴州兴庆府七万人为镇守，总五十余万。①

在西夏有限的地区拥兵达六七十万，可谓数量庞大。西夏军队的数量当然是一个变数，会随着战事规模的需要和国势的强弱而有所不同。可以通过不同时期一些较大的战役参战军队的数量，了解当时西夏军队的大致规模。天授礼法延祚四年（1041年）宋夏好水川之战时，元昊"自将精兵十万，营于川口"；② 庆历二年（1042年）元昊攻宋镇戎军时，"于天都点集左右厢兵十万，分东西两道"，合攻镇戎。西夏惠宗时参战兵力有增无减。天赐礼盛国庆二年（1070年）西夏惠宗母梁氏大举进兵宋环、庆时，"兵多者号二十万，少者不下一二万"。③ 大安九年（1082年）宋夏于永乐城激战，西夏统军叶悖麻等"以六监军司兵三十万屯泾原北"。崇宗天祐民安三年（1092年），崇宗母梁氏亲自"集兵十万于奇鲁浪，声言犯泾原，一夕趋环州，围之"。天祐民安七年（1096年），崇宗又与母梁氏率众号五十万入鄜、延。永安元年（1098年），梁氏又自率兵四十万众攻宋平夏城，梁氏败遁。

大安十一年（1084年），西夏军队大举围攻兰州，人数众多，宋朝熙、河、兰、会经略使李宪率兵抵御：

---

① 《宋史》卷四百八十五《夏国传上》。
② 《宋史》卷四百八十五《夏国传上》。（宋）司马光《涑水记闻》（邓广铭、张希清点校，中华书局，2017）卷十二记任福"与诸将出兵会数万人御之，先战小利，乘胜直进，至三川口，忽遇夏且二十万，官军大败"。与此不同。
③ 《宋史》卷四百八十六《夏国传下》。（清）吴广成：《西夏书事》卷二十二载"突分兵数道入寇，多者号三十万，少者二十万"。与此不同。

> 夏人入兰州，破西关。（李宪）降宣庆使。宪以兰州乃西人必争
> 地，众数至河外而相羊不进，意必大举，乃增城守堑壁，楼橹具备。
> 明年冬，夏人果大入，围兰州，步骑号八十万众……①

不难想见，西夏中期战争规模很大，一次战役投入兵力动辄二三十万，甚至四五十万，而兰州之役西夏竟集兵 80 万人。此事虽出自《宋史·李宪传》，对西夏军队人数是否过于夸张，难以断定，但从宋朝的记录看，当时形势十分紧张，宋神宗当月连续四次给李宪发出手诏，告诫其不要轻举妄动。后因西夏围兰州数日，粮尽而不得已退兵。此时宋神宗才松了一口气，又下诏，并提及西夏"倾国而来"，由此而言西夏参战的部队数量众多确是事实。②

从上述多次战争的记录可知西夏全国的军队数量庞大，惠宗时"六监军司兵三十万"，西夏始有 12 监军司，毅宗时已有增加，后又增至 17 个监军司，以此推算，西夏军队超过 60 万是有可能的，如集中全国兵员，达到 80 万也是可能的。

西夏军队的人数与普通民众的数量确有直接关系，因为西夏的军队是一种类似男子全民皆兵的体制，西夏兵制为：

> 其民一家号一帐，男年登十五为丁，率二丁取正军一人。每负赡
> 一人为一抄。负赡者，随军杂役也。四丁为两抄，余号空丁。愿隶正
> 军者，得射他丁为负赡，无则许射正军之疲弱者为之。故壮者皆习战
> 斗，而得正军为多。③

西夏《天盛律令》也规定："年十五当及丁，年至七十入老人中。"④ 如果西夏军队包括正军和负赡按 80 万人计算，那么这些军人家中还应有男人，那就是 1 岁至 14 岁的男孩以及 70 岁以上的男人。这些人可能占西夏男人的

———————————

① 《宋史》卷四百六十七《李宪传》。
② （宋）李焘：《续资治通鉴长编》卷三百四十二，神宗元丰七年（1084 年）正月癸丑条。
③ 《宋史》卷四百八十六《夏国传下》。
④ 史金波、聂鸿音、白滨译注《天盛改旧新定律令》第六"抄分合除籍门"，第 262 页。

1/4，即 20 万左右。推算 80 万军队家庭中的男子应超过 100 万。一个民族、一个社会中男女的自然比例差不多是 1∶1，这 80 万军队家庭中的人口应是 200 万。但这还不能算作西夏的总人口，要推测西夏的总人口还应考虑到以下几个方面。

一是要考虑到西夏军队的民族成分。西夏的军队主要是由党项族组成的，是以党项族的族帐为基础形成的，其军事基层单位的"抄"也是建立在党项族内的组织。而西夏境内既有党项族，还有大量汉族，以及回鹘、藏族等民族。在党项族迁入之前，这一地区早有汉族居住，经营农牧业日久，西夏农业地区的人口可能主要是汉族，人数众多。但汉族很少进入西夏军队。史书记载也有汉人参加西夏军队，《宋史》载：

> 得汉人勇者为前军，号"撞令郎"。若脆怯无他技，令往守肃州，或迁河外耕作。①

这可能是由俘虏成为军人，数量有限。《天盛律令》规定各部类有战具者中有"修城黑汉人""归义军院黑汉人"的记载。② 这些不是被点集的战斗主力。西夏境内的汉族究竟有多少人口，目前不得而知，他们掌握了比较先进的农业生产技术，其数量应十分可观。

西夏境内的回鹘、藏族多属羁縻管理，不会像在党项族中那样征集士兵。

另外还有城市人口。西夏不仅继承了宋代的各州、县城镇，还建设了新的城市，如首都中兴府是在原来的怀远镇的基础上扩建成当时中国西部地区的最大都会的，黄河边的省嵬城和北部的黑水城也都是西夏时期所建。西夏城市中除官府衙门外，尚有居民街巷、商业店铺，以及学校等。武威的凉州护国寺感通塔碑铭中叙述武威的繁华情景："武威当四衢地，车辙马迹，辐辏交会，日有千数。"③ 西夏城镇的人口也不可忽视。

---

① 史金波、聂鸿音、白滨译注《天盛改旧新定律令》第五"军持兵器供给门"，第 224 页。
② 史金波：《西夏佛教史略》，宁夏人民出版社，1988，第 252 页。
③ 俄罗斯科学院东方研究所圣彼得堡分所、中国社会科学院民族研究所、上海古籍出版社编《俄藏黑水城文献》第 2 册，上海古籍出版社，1996，第 272~273 页。

西夏还有不少僧人和道士，特别是西夏信仰以佛教为主，僧人数量众多。关于西夏僧人的数量，目前还没有系统的材料可资统计，只能从传世的西夏佛教文献中了解西夏僧人的大致规模。西夏桓宗天庆二年（1195年），皇太后罗氏于仁宗去世两周年之际，做了多种佛事活动，刊行汉文《大方广佛华严经入不思议解脱境界普贤行愿品》发愿文（见图1-35）对这些活动有详细记载：

> 谨于大祥之辰，所作福善，暨三年之中通兴种种利益，俱列于后……大法会烧结坛等三千三百五十五次，大会斋一十八次，开读经文藏经三百二十八藏，大藏经二百四十七藏，诸般经八十一藏，大部帙经并零经五百五十四万八千一百七十八部，度僧西番、番、汉三千员，散斋僧三万五百九十员……①

这里所记度西番（藏）、番（党项）、汉三族僧人共3000员，应是三年内西夏度僧的总数。在西夏这样一个国家每年新增1000僧人，是很可观的；又散斋僧平均每年增加1万余人也可见西夏僧人数量众多。

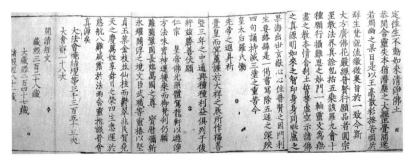

**图1-35　刊行汉文《大方广佛华严经入不思议解脱境界普贤行愿品》发愿文**

黑水城出土的西夏文刻本《拔济苦难陀罗尼经》附发愿文记述，仁宗死后"三七日"西正经略使在护国塔下做佛事，"延请禅师、提举、副

---

① 俄罗斯科学院东方研究所圣彼得堡分所、中国社会科学院民族研究所、上海古籍出版社编《俄藏黑水城文献》第2册，TK.98，第372~373页。

使、判使、住家、出家诸大众等三千余员"。① 西经略司应在西凉府，为西夏辅郡，那里做法事活动可集中延请 3000 僧人，规模可谓宏大，可见当地僧人众多。

西夏一中书相亡故后，其子做种种佛事，请僧众等 7000 余员做法事活动。因死者的地位崇高，延请大量僧人做法事是可以理解的，但以 7000 多人作法事，是何等盛大的规模，确难以玄想。

更有甚者，襄宗应天四年（1209 年）做广大法事，令众僧等 67193 员做斋会。② 可见西夏僧人数量多得惊人。

综合上述资料，在推算西夏人口时，据西夏党项族男子全民皆兵的制度，从党项族军队数量测算出党项族的人口数量有数百万。而西夏原主要是汉族居地，境内汉族人口很多，特别是人口较为稠密的农业地区和城镇地区，更应有大量汉族人口。或许汉族人口超过党项族人口。此外，在西部地区还有很多藏族和回鹘族民众。这样，估算出党项族、汉族、回鹘、藏族等民族的人口，或有数百万，甚至会超过千万。

西夏有完善的户籍登记制度。《天盛律令》规定西夏农户应将家中人口变化之情及时上报，防止虚杂，并使"典册清洁，三年一番"。③ 实际上西夏已经实行户口普查，并且和中原地区一样，三年编制一次清册。

在黑水城出土的西夏文社会文书中，有关西夏户籍、人口的文书有 100 多号，虽多为残件，但这些八九百年前的文书，保存了西夏时期黑水城地区户口的第一手资料，弥足珍贵。西夏文户籍文书的发现不仅填补了西夏户籍实物的空白，可推动西夏社会、经济研究的进程，而且对同时代缺乏这类实物资料的宋、辽、金王朝的社会研究也有相当的参照价值。④

西夏黑水城出土的户籍资料表明，一般家庭中人口不多，当地居民虽

---

① 俄罗斯科学院东方研究所圣彼得堡分所、中国社会科学院民族研究所、上海古籍出版社编《俄藏黑水城文献》第 3 册，上海古籍出版社，1996，TK. 120，第 47~49 页。

② 俄罗斯科学院东方研究所圣彼得堡分所、中国社会科学院民族研究所、上海古籍出版社编《俄藏黑水城文献》第 26 册，上海古籍出版社，2017，Инв. No. 5423，第 304 页。

③ 史金波、聂鸿音、白滨译注《天盛改旧新定律令》第十五"纳领谷派遣计量小监门"，第 514 页。

④ 史金波：《西夏户籍初探——4 件西夏文草书户籍文书译释研究》，《民族研究》2004 年第 5 期。

以党项族为主，户籍中反映的婚姻关系也以党项族之间结合为多，但党项族与汉族通婚已不是个别现象。如 Инв. No. 6342-1 是西夏文草书户籍账，长达 3 米多，记有 30 户的资料。其中每一户首先记户主姓名，然后分男、女记大人和小孩的人数、与户主的关系和姓名。[①] 该户籍账中多数家庭夫妻皆为党项族，也有夫妻双方都是汉族的，而由党项族与汉族两个民族通婚组建的家庭也有多户。如：

第 6 户：

> 一户千叔讹吉二口
>> 男一
>>> 大一讹吉
>> 女一
>>> 大一妻子焦氏兄导盛

此户户主名千叔讹吉，千叔是党项族姓，他是党项人，其妻子姓焦，是汉族。

第 9 户：

> 一户蒍移雨鸟五口
>> 男二
>>> 大一鱼鸟
>>> 小一子正月有
>> 女三
>>> 大一妻子罗氏有有
>>> 小二女白面黑□金□

---

① 西夏文 Инв. No. 6342-1 户籍账，出土于内蒙古自治区额济纳旗黑水城遗址，今藏俄罗斯科学院东方文献研究所手稿部，写本，残卷，高 19.1 厘米，宽 312 厘米，西夏文草书 164 行。见俄罗斯科学院东方研究所圣彼得堡分所、中国社会科学院民族研究所、上海古籍出版社编《俄藏黑水城文献》第 14 册，第 118～123 页。

此户户主名嵬移雨鸟，嵬移是党项族姓，他是党项人。其妻子姓罗，是汉族（见图 1-36）。

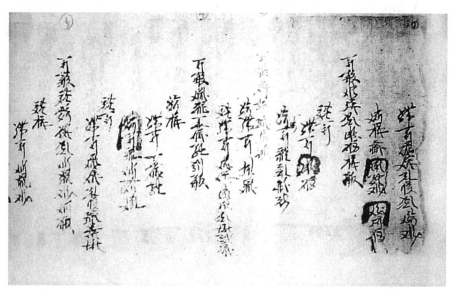

图 1-36　黑水城出土 Инв. No. 6342-1 西夏文户籍账（中间一户为第 9 户）

第 11 户：

　　一户卜显令二口
　　　　男一
　　　　　大一显令
　　　　女一
　　　　　大一妻子律移氏兄令

此户户主名卜显令，卜是汉族姓，他是汉族。其妻子姓律移，律移是党项族姓氏，她是党项人。

第 27 户：

　　一户千玉吉祥有四口
　　　　男一
　　　　　大一吉功〔祥〕有

女三

大三妻子瞿氏五月金

妻子梁氏福事

女铁乐

此户户主名千玉吉祥，千玉是党项族姓，他是党项人。其妻子姓瞿，是汉族。

以上 4 户显示，各户中夫妻二人是不同民族结婚。有 3 户丈夫是党项族，妻子是汉族；1 户丈夫是汉族，妻子是党项族。

户籍中反映出西夏社会有一名男子娶两名女子为妻的现象。如上述户籍账中第 27 户。此户明显是一个男子娶两个妻子的一夫多妻实例。此外，户籍账还有姑舅表婚的实例，证实在西夏社会基层也存在这种婚姻关系。并且在有婆媳关系的两户中就有一户是姑舅表婚，可以设想西夏的这种婚姻形式并非个案。[①]

西夏的赋税中除征收地租外，还有按人口摊派的人头税。一些出土的西夏经济文书记录了以各户人口纳税的情况（见图 1-37）。根据其中男、

图 1-37 黑水城出土 Инв. No. 4991-6 人口税账

---

① 史金波：《西夏户籍初探——4 件西夏文草书户籍文书译释研究》，《民族研究》2004 年第 5 期。

女，大人、小孩纳税的量可以推算出，纳税标准不论男女，只区分大小，每个大人纳税 3 斗，每个小孩纳税 1 斗半。<sup>①</sup> 在西夏，人口的增加等于纳税者增加，也即政府财富的增加。<sup>②</sup>

西夏由于社会制度的特殊性，出现了特殊的贸易，那就是人口买卖。买卖的对象是作为半奴隶身份的使军家属和奴仆。如黑水城出土西夏文 Инв. No. 4597 天庆未年（1199 年）三月二十四日嵬移软成有卖使军契（见图 1-38）。

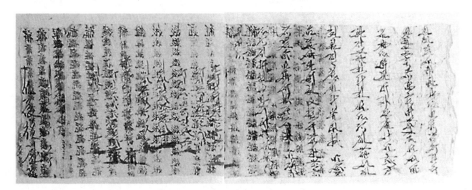

图 1-38　黑水城出土 Инв. No. 4597 西夏文天庆未年（1199 年）卖人口契

译文为：

> 天庆未年三月二十四日，立契者
> 嵬移软成有，今自属使军五月犬
> 铁二十□全状语<sup>③</sup>，自愿卖与移讹金刚
> 盛，价五十石杂粮已付，人
> 谷并无参差，若其人有官私诸
> □抄共子弟等争讼者时，软成

---

① 史金波：《西夏农业租税考——西夏文农业租税文书译释》，《历史研究》2005 年第 1 期。

② 西夏文 Инв. No. 4991-6 人口税账，出土于内蒙古自治区额济纳旗黑水城遗址，今藏俄罗斯科学院东方文献研究所手稿部，残页，高 18 厘米，宽 31.5 厘米，西夏文 15 行。见俄罗斯科学院东方研究所圣彼得堡分所、中国社会科学院民族研究所、上海古籍出版社编《俄藏黑水城文献》第 13 册，第 323 页。

③ 此处字迹模糊，文意不清。

有当管，有反悔变语时按官法罚交三

十石杂粮，心口服，依情节承责

施行。①

多件西夏文卖人口契如实地反映出西夏人口买卖的具体情况，有的以粮食交易，有的以钱币交易；有的卖一人，有的卖一家数口。所买人口皆为社会地位低下、没有人身自由的使军和奴仆。但西夏规定，人口不准卖入他国。可见当时把人口视作重要资源。

## 二　社会经济状况

西夏的社会经济已经进入比较成熟的封建社会经济形态，主要包括农业、畜牧业、狩猎业和手工业等门类。以下重点阐述与西夏灾害有直接关系的农业、畜牧业相关情况。

### （一）农业

西夏继承了当地原有的良好农业基础，其中包括已开垦的土地，已开凿的水渠等农田基本设施，也包括先进的生产工具和长期积累的生产技术和经验等。

#### 1. 灌溉

黄河素有灌溉之利。银川平原引黄河水自流灌溉已有两千多年的历史。引黄干渠有唐徕渠、汉延渠、惠农渠、西干渠等。唐徕渠又名唐渠，建于唐武则天年间，后经各代整修，渠口开在青铜峡旁，经青铜峡、永宁、银川、贺兰等地向北流去，到平罗县终止，全长 322 公里，有大小渠道 500 多条，灌田 90 万亩，最宽处 30 多米，最窄处 5 米，平均宽度 24 米，居银川平原 14 条大渠之首（见图 1-39）。

---

① 西夏文 Инв. No. 4597 天庆未年（1199 年）卖人口契，出土于内蒙古自治区额济纳旗黑水城遗址，今藏俄罗斯科学院东方文献研究所手稿部，写本，高 20.4 厘米，宽 57.8 厘米。西夏文草书 17 行，字迹浅淡模糊，背面写有佛经。首行有"天庆未年三月"年款。末有署名、画押。图版见俄罗斯科学院东方研究所圣彼得堡分所、中国社会科学院民族研究所、上海古籍出版社编《俄藏黑水城文献》第 13 册，第 223 页。类似的卖人口契还有 Инв. No. 5949、Инв. No. 7903、Инв. No. 4597 等。参见史金波《黑水城出土西夏文卖人口契研究》，《中国社会科学院研究生院学报》2014 年第 4 期。

图 1-39　宁夏唐徕渠

在河西，东汉时开凿了两条很长的灌渠，其中一条叫汉延渠。东汉顺帝永建四年（129 年），由郭璜主持穿凿。相传它是在原来北地西渠的基础上延展而成的。另一条由徐自为主持开凿，在汉延渠西面，与汉延渠并行向北延伸。因为徐自为官居光禄勋，所以人们又称这条新渠为光禄渠。

西夏时期黄河仍是当地农业命脉，特别是西夏地区干旱少雨，利用河流灌溉就显得更为重要。当时最主要的粮食生产区都在黄河及其支流一带。河套平原被誉为"塞北江南"。黄河也可以为害，降雨过多常引起黄河决口，淹毁农田，漂没人畜。中国历史上对黄河的利用和治理一直是一个重大问题。西夏也十分重视对黄河的治理，修渠造堰，趋利避害。西夏时期所建水渠以昊王渠最著名。该渠以西夏第一代皇帝景宗元昊为名。西夏时为解决贺兰山东麓沿山荒地的灌溉问题，沿山挖渠长达 300 余里，起自青铜峡市峡口乡，经银川市进入平罗境内，至石嘴山市境内，其中贺兰县至平罗县的一段保存完好，渠底下宽 25 米，高 3.5 米，其余大多地段已被开垦成农田。该渠遗址为自治区区级文物保护单位（见图 1-40）。

河西走廊地区也利用河水灌溉。西夏人记载其山下有雪水灌溉，宜于农耕。又记载"焉支上山"，其下解释说：

图 1-40　宁夏昊王渠遗址

冬夏降雪，夏热不化，民庶灌耕。……大麦、燕麦九月熟，利养羊马，饮马奶酒也。①

又"天都大山"条下有：

谷间泉水，山下耕灌也。②

2. 农业技术和农具

西夏继承了当地汉族的农耕传统，对耕地的耕作、管理与中原地区基本一致，西夏的农业生产达到了相当高的水平，宋人认为"且西羌之俗，岁时以耕稼为事，略与汉同"。③ 西夏不仅有旱地，还有大量水田。水田的

① 俄罗斯科学院东方研究所圣彼得堡分所、中国社会科学院民族研究所、上海古籍出版社编《俄藏黑水城文献》第 10 册，第 249 页；克恰诺夫、李范文、罗矛昆：《圣立义海研究》，第 59 页。

② 俄罗斯科学院东方研究所圣彼得堡分所、中国社会科学院民族研究所、上海古籍出版社编《俄藏黑水城文献》第 10 册，第 249 页；克恰诺夫、李范文、罗矛昆：《圣立义海研究》，第 60 页。

③ （宋）李焘：《续资治通鉴长编》卷一百三十五，仁宗庆历二年（1042 年）二月辛巳条。

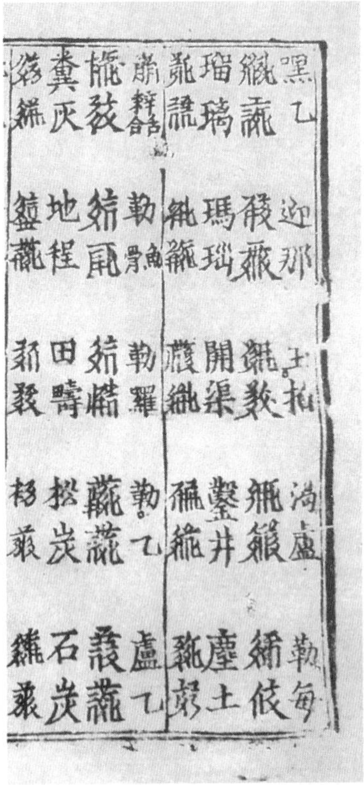

图1-41 《番汉合时掌中珠》关于
耕地管理的词语

耕作技术更为复杂，表现出更高层次的农作技术水准。

《番汉合时掌中珠》中简要记录了有关西夏土地管理的词语，如开渠、凿井、粪灰、地程、田畴等（见图1-41）。开渠、凿井是关于耕地灌溉之事，粪灰证明当地在耕地中施肥，地程表明是耕地的地块，而田畴表明西夏耕地起垄做畦埂。可知西夏农耕很细致。

西夏汉文本《杂字》"农田部"中罗列了农耕行为，如收刈、锄田、耕耘、耕薅、壤地、浇灌、培垄、种莳等。[①] 水浇地耕作管理更为复杂，需要开畦种植。《文海》中有"畦梗""地畴"等。地畴注释"畦也，开畦种田之谓也""开埂边上种田之谓也"。[②] 总之，西夏的农业生产从耕地、平整耙糖、开畦、播种、锄田、薅地、浇灌、培垄，到收割、打场、扬簸，已形成了一整套耕作技术，其生产过程已很完备。

西夏的农业讲究季节和时令。《圣立义海》第三中有全年十二月各月的"名义"，依次记录各月农牧劳作的事项，可惜农事比较繁忙的一月至六月全佚，七月大部分残缺。在"八月之名义"中有"庥熟，国人收割"；又有

---

① 史金波：《西夏汉文本〈杂字〉初探》，白滨等编《中国民族史研究》（二）。

② 史金波、白滨、黄振华：《文海研究》，5.171，中国社会科学出版社，1983，第398页；53.121，第472页；70.252，第500页。西夏文韵书《文海》，又称《文海宝韵》，全称《大白高国文海宝韵》，包括平声、上声和入声、杂类三部分。有残刻本和略抄本。书中对每一个西夏字都有三项解释，第一项是字形构造分析，第二项是注字义，第三项以反切注音。其字义注释部分有很多关于西夏社会的资料，其中有关于灾害的解释。参见史金波、白滨、黄振华《文海研究》；史金波、〔日〕中岛干起等《电脑处理〈文海宝韵〉研究》，日本国立亚非语言文化研究所，2000。

"秋中碾谷时节，供养谷神"的记载。① 《碎金》中也有"谷麦豆长大，粟黍秫熟迟"的记载。② 这些都反映了当地粮食作物收获的季节特点。

"九月之名义"中"蓄水结果"条载"蓄粳稻、大麦春种水，九月取也"。冬天农闲也有农活，"腊月之名义"中"准备农具"条："修治来年耕地时使用耕具也。"西夏习俗，腊月就要为来年耕种准备耕具。③ 这与汉族的农耕习俗相一致。

西夏时期已经有选育良种的习俗。《文海》"选种"条："寻种根，欲好，长大经年也。"④ 选寻好的种子，使其第二年长大。西夏人已经有利用良种获得增产的意识。

西夏的气候条件决定了农作物一年一熟，春种秋收。在西夏文中秋天的"秋"字就是由"禾"字加"成"字组成的。

敦煌西部的安西榆林窟第3窟是西夏洞窟，其中壁画《五十一面千手千眼观音经变》中有犁耕图，画双牛驾横杆，横杆连接犁辕，即所谓二牛抬杠式，耕者一手扶犁，一手持鞭，形象地反映了西夏时期役牛犁田的情景。所画的直辕犁是当时习用的农具，说明西夏瓜、沙一带农业耕种具有相当的水平（见图1-42）。⑤

文献中有多处关于西夏农业生产工具的记载。在《番汉合时掌中珠》中记载的农器有：礴碌、簸箕、扫帚、刻叉、子楼〔耧〕、芭罢〔耙〕、镰锄、镬杴、锹、犁铧等（见图1-43）。⑥

① 克恰诺夫、李范文、罗矛昆：《圣立义海研究》，第52~53页。

② 聂鸿音、史金波：《西夏文本〈碎金〉研究》，《宁夏大学学报》1995年第2期。《碎金》全名《新集碎金置掌文》，西夏宣徽正息齐文智编，成书于12世纪初期以前，是类似中原地区汉文《千字文》体的字书。全文1000字，每句五言。书中正文开始是自然现象、时节变化等，后为人事，包括帝族官爵、番姓和汉姓、婚姻家庭、财务百工、禽兽家畜、社会杂项等。该书对研究西夏的社会、民族、习俗、文学有重要价值。

③ 克恰诺夫、李范文、罗矛昆：《圣立义海研究》，第53、55页。

④ 史金波、白滨、黄振华：《文海研究》，55.141，第476页。

⑤ 史金波、白滨、吴峰云编《西夏文物》，文物出版社，1988，图37，第291~292页。

⑥ 《番汉合时掌中珠》是西夏文-汉文双语双解词语集，西夏仁宗乾祐年间党项人骨勒茂才编撰，书中以天、地、人分部。每一词语皆有西夏文、相应的汉文、西夏文的汉字注音、汉文的西夏字注音四项。是当时西夏番人（党项人）和汉人互相学习对方语言的工具书。其中收录了很多西夏常用词语，是研究西夏社会的重要资料。（西夏）骨勒茂才著，黄振华、聂鸿音、史金波整理《番汉合时掌中珠》，宁夏人民出版社，1989，第54~55页。

图 1-42　榆林窟第 3 窟西夏壁画中的犁耕图

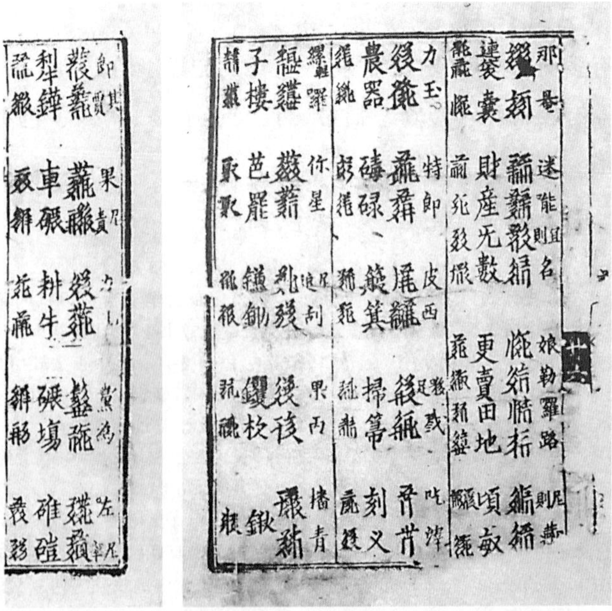

图 1-43　《番汉合时掌中珠》中的农具词语

　　西夏汉文本《杂字》的"农田部"中有农具：梨〔犁〕楼〔耧〕、罢
〔耙〕磨〔耱〕、桔槔、铁铧、礴碌、笤帚、扫帚、锹镘、杷杈、箩箕、栲
栳、碓硙、莿刀、扬瑕、镰刀（见图1-44）。[1] 另一种藏于俄罗斯圣彼得堡
的西夏文蒙书《纂要》中也有关于农业用具的词。其中农具有锹、木锹、芭
罢〔耙〕、子楼〔耧〕、耱、锄；储存工具有笆、笆箩；运输工具有车等。[2]

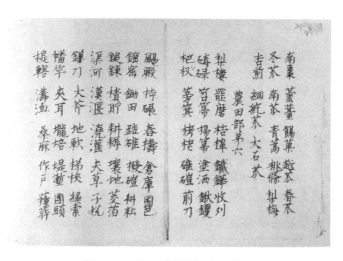

**图 1-44　汉文《杂字》中的农具**

　　其中一些农具在上述榆林窟第 3 窟《五十一面千手千眼观音经变》图
中被西夏的绘画家描绘下来，保存了当时农具的形象资料，其中有锹、镢、
锄、犁、耙等（见图1-45）。[3] 从上述农器可知，西夏所使用的农具种类比
较齐全，有翻地、犁地工具，有平整耙耱工具，有播种工具，有浇灌工具，
有收割工具，有打场、碾场工具，有扬簸、扫除工具。《文海》对一些农具

①　史金波：《西夏汉文本〈杂字〉初探》，白滨等编《中国民族史研究》（二）。
②　西夏文 Инв. No.124《纂要》，出土于内蒙古自治区额济纳旗黑水城遗址，今藏俄罗斯科学
　　院东方文献研究所手稿部，刻本，蝴蝶装，高 20 厘米，宽 12.5 厘米，体例仿汉文《纂
　　要》，注释均言"汉语某某"，其中汉语词以音译。存第 8 叶左半至第 10 叶，中题"乐器
　　章六"及"花名章七"。图版见俄罗斯科学院东方研究所圣彼得堡分所、中国社会科学院
　　民族研究所、上海古籍出版社编《俄藏黑水城文献》第 10 册，第 38～39 页。
③　史金波、白滨、吴峰云编《西夏文物》，图 35，第 291 页；白滨、史金波：《莫高窟、榆
　　林窟西夏资料概述》，《兰州大学学报》1980 年第 2 期。

的功用或特性有准确的解释，如"耧"字注释"埋子用，汉语耧之谓"。"犁"字注释"犁铧也，耕用农器之谓"。① 西夏文"犁"字以"木"字合成，"铧"字以"金"字合成，可知西夏使用铁铧犁。这些农具证明西夏农业耕作技术和生产力水平与中原地区相近，达到了当时的先进水平。

**图 1-45　榆林窟第 3 窟西夏壁画中描绘的生产工具**

有这样的农业基础和技术，西夏的农业生产也有好的收成。有时，西夏的多处窖藏储藏有大量粮食。

3. 农业管理

西夏受中原地区的影响，土地占有关系已进展到封建所有制。皇帝、贵族掌握着大量土地，一些农户也有自己的土地，无地或少地农民则要租地耕种。《天盛律令》载有"农田司所属耕地"，此外还有"寺院中地"，又有"节亲主所属地"。节亲主类似中原地区的亲王。这些是皇帝、大贵族和寺院占有土地的真实记录。西夏有地主人、农主人。地主人是土地的所有者，农主人是土地的经营者。农主人又分官私两种，官农主人耕种官家土地，私农主人耕种私人地主人的土地。②

农业管理水平是农业发展阶段的重要标志。西夏有从上至下完备的管理机构，对土地、生产和租税缴纳进行细致的管理。西夏政府设有农田司，专门经理农业，主管"仓储委积，平粜利民"，是西夏政府五等机构中的中

---

① 史金波、白滨、黄振华：《文海研究》，85.262，第 522 页；57.272，第 479 页。
② 史金波、聂鸿音、白滨译注《天盛改旧新定律令》第十五"催租罪功门"，第 493~495 页。

等司。西夏文《碎金》也明确记载"牧农二司管",意思是牧业和农业由群牧司和农田司来管理。① 西夏《天盛律令》记载,农田司设 4 名正职,4 名承旨,4 名都案,12 名案头。西夏与农业有关的政府机构还有受纳司,主管仓庾贮积及给受之事,也属中等司,设 4 名正职,4 名承旨,3 名都案,4 名案头。另外,都转运司参与粮食的征集和运输,修理渠道,也属中等司,设 6 名正职,8 名承旨,8 名都案,10 名案头。根据西夏法典条文,西夏各地方的州、县都有管理农业的职责,特别是各地的转运司以农田管理、修渠、收租、转运粮食为要务。西夏设置转运司的地方有:沙州、黑水、官黑山、卓啰、南院、西院、肃州、瓜州、大都督府、寺庙山。地方转运司属下等司,其中有的设 4 名正职,有的设 2 名正职;有的设 4 名承旨,有的设 2 名承旨;各设 2 名都案,10 名案头。②

西夏政府对土地格外重视,除与邻国争夺边界耕地外,对境内耕地的管理也形成了一套严格的制度。西夏政府规定农户耕地要进行详细登记注册。西夏《天盛律令》对土地登记造册有严格规定:

> 边中、畿内租户家主各自种地多少,与耕牛几何记名,地租、冬草、条椽等何时纳之有名,管事者一一当明以记名。中书、转运司、受纳、皇城、三司、农田司计量头监等处,所予几何,于所属处当为簿册成卷,以过京师中书,边上刺史处所管事处检校。完毕时,依据属法当取之。③

农户的耕地和应纳租税要逐项登记,并逐级上报政府。从黑水城发现的户籍中可以看到农户土地登记的方式和所记具体内容。Инв. No. 7893-9 文书是户主梁行监登记的家庭户籍,其中详细记载了耕地、人口、牲畜和其他重要财物情况。土地有几块,逐块登记,每块有其方位和面积,面积用撒种数量计量。此户在耕地项下记有 4 块不同面积的地,除户主梁行监外还有男女 18 口人,其中男 10

---

① 聂鸿音、史金波:《西夏文本〈碎金〉研究》,《宁夏大学学报》1995 年第 2 期。
② 史金波、聂鸿音、白滨译注《天盛改旧新定律令》第十"司序行文门",第 368~375 页。
③ 史金波、聂鸿音、白滨译注《天盛改旧新定律令》第十五"纳领谷派遣计量小监门",第 514 页。

口，女8口（见图1-46）。① 户籍登记经核实后，层层上报，直至西夏最高行政长官中书，这样西夏政府即可宏观掌握全国土地和赋税，以便于管理。

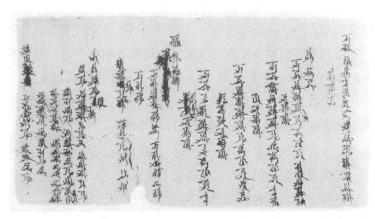

**图 1-46　西夏文 Инв. No. 7893-9 里统签判梁吉祥铁户籍手实**

西夏法律规定：境内的耕地尽量耕种，若有人无力耕种租地而放弃，三年已过，不能交租、役、草者，以及有不属官私之生地，他人有愿种者，如已核实，办好手续，著之簿册就可耕种，三年之后依地之优劣划等交租。② 还进一步规定在租种的地边上，有自属树草、池地、泽地、生地等而开垦为地者，则可开垦为地而种之。开1亩至1顷，不用缴租、役、草，开地多于1顷者，在1顷之外，告转运司，三年以后，缴纳少数实物地租。③ 这种鼓励耕种荒地、开垦生地的措施，自然会起到保障或扩大耕地的作用，促进西夏粮食生产的稳定和发展。但是，这种扩大耕地面积、追求暂时增加粮食产量的措施也会造成盲目垦殖的局面。在植被较少、水土流失严重的西北地区，如果长时间过量垦殖，会影响当地的生态平衡，从根本上影

---

① 西夏文 Инв. No. 7893-9 里统签判梁吉祥铁户籍手实，出土于内蒙古自治区额济纳旗黑水城遗址，今藏俄罗斯科学院东方文献研究所手稿部，残卷，高20.2厘米，宽39.8厘米，西夏文草书23行。见俄罗斯科学院东方研究所圣彼得堡分所、中国社会科学院民族研究所、上海古籍出版社编《俄藏黑水城文献》第14册，第249页；史金波《西夏户籍初探——4件西夏文草书户籍文书译释研究》，《民族研究》2004年第5期。行监，西夏军队中的下级军官。

② 史金波、聂鸿音、白滨译注《天盛改旧新定律令》第十五"取闲地门"，第492页。

③ 史金波、聂鸿音、白滨译注《天盛改旧新定律令》第十五"租地门"，第495~496页。

响粮食的生产。西夏境内一些地区逐渐沙漠化，与历史上政府鼓励扩大耕地、人为地过度开荒有直接关系。

无论官地、私地都按核实地亩耕种，不得互相侵犯，西夏法典维护官私农主人的土地所有权。

官私农主依先自己所执顷亩数当执，不许于地边田垄之角落聚渠土而损之、于他人地处拓地、断取相邻地禾穗等。①

西夏土地可自由买卖。《番汉合时掌中珠》"人事下"有"财产无数，更卖（买）田地"一语，说明西夏的田地可以买卖。西夏《天盛律令》第十六有关于土地买卖的规定，虽因此卷完全缺失，难以了解西夏土地买卖的具体规定，但在其他章节如《天盛律令》第十五中有关于诸人买地注册、买地丈量等的记载，仍可看到西夏法律对土地买卖的细致规定。诸人互相买租地时，卖者在地名中注销，买者应在自己名下注册，并当告转运司注册，买者当按规定缴租纳税。对土地可实地丈量，如与原地册符合，再"予之凭据"。"家主人不来索凭据及所告转运司人不予凭据等时，有官罚钱五缗，庶人十杖。"②

有关西夏土地买卖更具体的记载是黑水城出土的多件土地买卖契约。其中一件天盛二十二年（1170 年）西夏文卖地契，记录了西夏土地买卖的真实情况。文契中记载了寡妇耶和氏宝引将生熟地 22 亩出卖给同姓族人，卖价为 4 匹骆驼，文契还记明所卖土地的四至，并强调当事人不能反悔，若反悔要受到处罚，最后有卖者、担保人和知证人的签字画押（见图 1-47）。③在出土的西夏契约中，这种土地买卖的契约已发现 10 多件。

---

① 史金波、聂鸿音、白滨译注《天盛改旧新定律令》第十五"租地门"，第 495 页。
② 史金波、聂鸿音、白滨译注《天盛改旧新定律令》第十五"地水杂罪门"，第 508 页。
③ 西夏文 Инв. No. 5010 天盛庚寅二十二年卖地契，出土于内蒙古自治区额济纳旗黑水城遗址，今藏俄罗斯科学院东方文献研究所手稿部，高 22.5 厘米，宽 49.6 厘米，西夏文行书 19 行，首行有"天盛庚寅二十二年"（1170 年）年款。史载西夏天盛共 21 年，庚寅为乾祐元年，可能是因该年八月改元，八月前仍为天盛二十二年。此契可能为八月以前所写，有署名、画押，有押捺买卖税院长方朱印，高 19 厘米，宽 10 厘米。见俄罗斯科学院东方研究所圣彼得堡分所、中国社会科学院民族研究所、上海古籍出版社编《俄藏黑水城文献》第 14 册，第 2 页；黄振华《西夏天盛二十二年卖地文契考释》，白滨编《西夏史论文集》，宁夏人民出版社，1984。

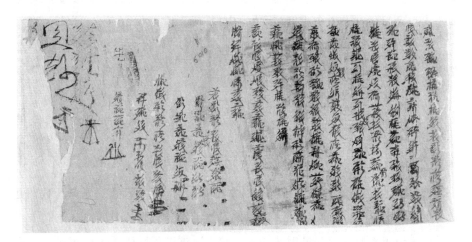

图 1-47　黑水城出土西夏文 Инв. No. 5010 天盛庚寅二十二年卖地契

在西夏，有的牧场集中，远离农田；有的在同一地区既有牲畜放牧，又有农耕生产，农业和牧业会发生矛盾，主要是牲畜进入农田啃吃、毁坏庄稼。这样就需要用法律来调解农业、牧业的关系。为此，西夏法律规定："诸人故意放牲畜于他人苗地者，当量所食粮食多少，以偷窃法算。""诸人所属牲畜非故意入于他人苗地者，当量所食粮食多少偿还，属者罪勿治，牧者八杖。"属者即牲畜主人，牧者是直接责任者，要承担管理失职的责任。但牲畜入苗地，农民击打或捆绑牲畜而致死时，需要偿还牲畜。[①] 可见西夏对农业和牧业都是采取保护措施，尽量调解、处理好二者关系，使农牧业都不受到损失。

4. 粮食生产

西夏自然环境具有多样性的特点，其农业作物也呈现出多品种特色。不仅有北方麦、大麦、荞麦、粟、豆之类的作物，还有在河套地区盛产的北方少见的稻米。《番汉合时掌中珠》中记录了西夏粮食的主要品种。其中"五谷"下有原粮和加工后的粮食：麦、大麦、荞麦、糜、粟、粳米、糯米、炒米、蒸米、术米、白米、面、豌豆、黑豆、荜豆等（见图 1-48）。

---

① 　史金波、聂鸿音、白滨译注《天盛改旧新定律令》第十一"舍刺穿食畜门"，第 391~392 页。

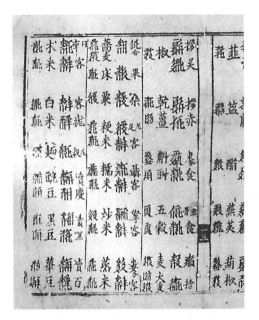

图 1-48　《番汉合时掌中珠》中的五谷

西夏汉文《杂字》中也有关于五谷的记载，与《番汉合时掌中珠》所记多有重合，也有互补处（见图 1-49）。

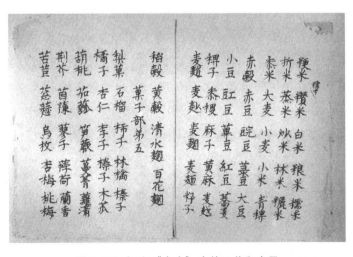

图 1-49　汉文《杂字》中的五谷和水果

由于西夏农业技术成熟，西夏宜农地区生产的粮食不少。文献记载，敌军占领西夏地区后，掘发当地的粮食窖藏，一般都能得到大量的粮食。

西夏大安八年（1081年）八月，宋将李宪攻陷宪谷，"大军过宪谷川，秉常借号'御庄'之地，极有窖积，……已遣逐军副将分兵发窖取谷及防城弓箭之类"。① 同年十月，"蕃官三班差使麻也讹赏等，十月丙寅于西界德靖镇七里平山上，得西人谷窖大小百余所，约八万石，拨与转运司及河东转运司"。同年十月，"种谔取米脂，亦称收藏粟万九千五百余石"。② 同年，宋将刘昌祚率军进攻灵州时，闻鸣沙有积粟，夏人谓之御仓。"既至，得窖藏米百万，为留信宿，重载而趋灵州。"③ 后又得到降人阿牛儿的指引，开桃堆平积窖，得粮数百万。有时为了不让宋军得到粮食，西夏人事先将即将失守地的窖藏粮食运走。如西夏大安七年（1080年），梁太后听到兰州被宋将李宪攻破，便"令民尽起诸路窖粟"。④

除汉文历史文献记载外，从西夏法律要求各地交纳粮食期限的规定中也可看出西夏所产粮食不在少数。西夏政府要求各地边和京畿内要依据所交粮食多少确定完成期限，"一千斛以下十日。一千斛以上至二千斛十五日……一万斛以上至一万五千斛五十日……七万斛以上至十万斛一百六十日。十万斛以上一律一百八十日"。⑤ 由此可见，有的地方要送交几万石甚至十万石以上的粮食。同时可以推知西夏一些地区的粮食总产量是比较多的。

粮食是综合国力的重要体现，特别是在古代，粮食更是国力、军力的重要砝码。西夏对粮食生产虽很重视，但与中原王朝相比，粮食数量仍旧悬殊。同样在粮食问题上，宋朝也感到紧张。宋夏对立，不断有战事发生，宋朝在宋夏边界集结屯兵，耗费粮饷太多，宋朝的最高统治者总结经验说："天下以西事故大困穷者，缘妄费粮饷耳，此最方今所当戒。""或西人张虚声，使我边帅聚兵费粮草，粮草费则陕西困，陕西困则无以待西贼，而使

---

① （宋）李焘：《续资治通鉴长编》卷三百十六，神宗元丰四年（1081年）九月乙未条。

② （宋）李焘：《续资治通鉴长编》卷三百十八，神宗元丰四年（1081年）十月丙子条、己卯条。

③ （宋）李焘：《续资治通鉴长编》卷三百十八，神宗元丰四年（1081年）十月辛巳条。

④ （清）吴广成：《西夏书事》卷二十五。

⑤ 史金波、聂鸿音、白滨译注《天盛改旧新定律令》第十五"纳领谷派遣计量小监门"，第510~511页。

我受其实弊也。"① 西夏尽力保持粮食生产发展，同时耗费宋朝的粮草，这也是西夏能抗衡宋朝的一个重要原因。西夏宜农地区有限，自然灾害多，特别是旱灾更为频繁，统治者时常为粮食的匮乏感到担心。西夏崇宗时御史大夫谋宁克任说：

> 国家自青白两盐不通互市，膏腴诸壤浸就式微，兵行无百日之粮，仓储无三年之蓄。而唯西北一区与契丹交易有无，岂所以裕国计乎？②

有时也有西夏邻国受灾，而西夏独获好年景的情况。宋嘉定元年（西夏应天三年，1208 年），宋朝诸路发生旱灾和蝗灾，难以下种，宋朝与金地皆受灾，"荒歉者多"，唯独夏国及北方稻麦皆获丰收。③

5. 土地租税

作为西夏经济重要一翼的农业，不仅关系到人民的生计，其税收更是政府收入的大宗。农业税收是供给皇室和官吏支出、维持政府运转、保障军队平时和战争费用的主要经济来源，因此西夏政府特别重视农业税收。其实中原王朝也是"户口之数，悉载于版图；军国所资，咸出于租调"。④西夏的农民在庄稼收获后，都要依照政府规定按时向国家缴纳土地租税。

《天盛律令》第十五"收纳租门""取闲地门""催租罪功门""租地门"对西夏农业税的缴纳有具体的规定。西夏农民要依土地数量按时缴纳租税，农民不能不交或少交，也不能迟缓延误。《天盛律令》规定：

> 诸租户家主当指挥，使各自所属种种租，于地册上登录顷亩、升斗、草之数。转运司人当予属者凭据，家主当视其上依数纳之。⑤

所谓"租户家主"就是有耕地的纳税农户。农民要纳多种租税，皆登

---

① （宋）李焘：《续资治通鉴长编》卷二百十四，神宗熙宁三年（1070 年）八月戊午条。
② （清）吴广成：《西夏书事》卷三十二。
③ （清）吴广成：《西夏书事》卷三十九。
④ （宋）马端临：《文献通考》卷四"田赋考四"之"历代田赋之制"，中华书局，1986。
⑤ 史金波、聂鸿音、白滨译注《天盛改旧新定律令》第十五"地水杂罪门"，第 508 页。

记于册，按数缴纳。纳税迟缓要受法律制裁，同门规定：

> 租户家主有种种地租役草，催促中不速纳而住滞时，当捕种地者及门下人，依高低断以杖罪，当令其速纳。①

农民不迅速纳税首先要受杖刑，然后仍然要按数缴税。

西夏政府一方面规定农户按时缴纳租税，另一方面又敦促有关职事官员加紧催租。《天盛律令》"催租罪功门"规定：

> 诸租户所属种种地租见于地册，依各自所属次第，郡县管事者当紧紧催促，令于所明期限缴纳完毕。②

律令还对收租人员制定奖惩措施，明确规定如果催租的主管人延误住滞、收租不足，则将全部应收租税分成 10 等份，根据所缺份额给予不同处罚。若收到 9 份不治罪；若收到 8 份判徒刑 6 个月。这样依次加罪，若全部未收到，要判处 10 年徒刑；全部收齐，则加官一等，获赏银 5 两、杂锦 1 匹。对催租者有赏有罚，目的是加大收税的力度。

《天盛律令》还规定各属郡县于每年十一月一日将种种地租税的簿册、凭据上缴于转运司，转运司十一月末将簿册、凭据引送京师磨勘司，磨勘司应于腊月一日至月末一个月期间审核完毕，若有迟滞延误当依律判罪。③

从西夏开垦三年废弃闲地的规定可知西夏土地租税分为五等：

> 诸人无力种租地而弃之，三年已过，无为租役草者，及有不属官私之生地等，诸人有日愿持而种之者，当告转运司，并当问邻界相接地之家主等，仔细推察审视，于弃地主人处明之，是实言则当予耕种

---

① 史金波、聂鸿音、白滨译注《天盛改旧新定律令》第十五"地水杂罪门"，第 508 页。
② 史金波、聂鸿音、白滨译注《天盛改旧新定律令》第十五"催租罪功门"，第 493 页。
③ 史金波、聂鸿音、白滨译注《天盛改旧新定律令》第十五"催缴租门"，第 490~491 页。

谕文，著之簿册而当种之。三年已毕，当再遣人量之，当据苗情及相邻地之租法测度，一亩之地优劣依次应为五等租之高低何等，当为其一种，令依纳地租杂细次第法纳租。①

西夏地租形式为实物地租，一般在秋季收获以后缴纳，冬季进行严格的核查。而且不同的地区缴纳不同的粮食。如规定：

麦一种，灵武郡人当交纳。大麦一种，保静县人当交纳。麻褐、黄豆二种，华阳县家主当分别交纳。秫一种，临河县人当交纳。粟一种，治源县人当交纳。糜一种，定远、怀远二县人当交纳。②

几处缴纳的农产品种类有麦、大麦、麻褐、黄豆、秫、粟、糜等多种。这一记录显然没有包括西夏所有主要产粮区，或许是这一条的上半部分残缺不全的缘故，但是仍然可以从中了解到西夏收取地租的情况以及一些产粮区主要出产哪些粮食。

在黑水城发现的大量西夏文经济文书中有不少是关于缴纳农业税的文书。其税收形式有多种。

(1) 按耕地收取的实物地租。西夏有以耕地多少缴纳农业税的制度，是一种固定税制，这对认识西夏的农业税收具有重要意义。以耕地面积课税是最普通的制度，也是中国历代相传的主要税法，西夏继承了这种税制。西夏农民给国家缴纳的耕地租税写作𘟣。出土的大量西夏文纳粮账表明，每亩地缴纳税杂粮（西夏文:𗤶）0.1 斗，即 1 升，缴纳小麦（西夏文:𗥊）0.025 斗，即 1/4 升。如黑水城出土西夏文 Инв. No. 4067 户耕地纳租役草账，证实了每户按土地数量依上述标准缴纳租粮（见图 1-50）。③

① 史金波、聂鸿音、白滨译注《天盛改旧新定律令》第十五“取闲地门”，第 492 页。

② 史金波、聂鸿音、白滨译注《天盛改旧新定律令》第十五“取闲地门”，第 489~490 页。

③ 西夏文 Инв. No. 4067 户耕地纳租役草账，出土于内蒙古自治区额济纳旗黑水城遗址，今藏俄罗斯科学院东方文献研究所手稿部，残卷，高 19.5 厘米，宽 46.2 厘米。西夏文草书 23 行。见俄罗斯科学院东方研究所圣彼得堡分所、中国社会科学院民族研究所、上海古籍出版社编《俄藏黑水城文献》第 13 册，第 180 页。

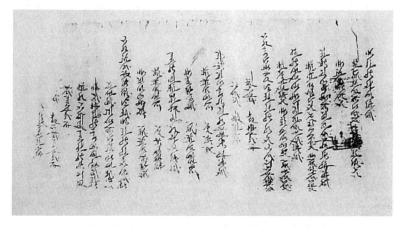

图 1-50　黑水城出土西夏文 Инв. No. 4067 户耕地纳租役草账

（2）按耕地摊派的役工和草。西夏的农业税收远不是只有上述耕地粮税。西夏《天盛律令》规定：

> 诸郡县转交租，所属租役草种种当紧紧催促，收据当总汇，一个月一番，收据由司吏执之而来转运司。[①]

这说明西夏的赋税中除缴纳粮食地租外，还要服劳役（西夏文：𘊄）和缴纳草（西夏文：𘋩）。西夏社会文书中有关于西夏农民负担租、役、草的具体数目。除每亩纳杂粮 1 升、小麦为其 1/4（为 0.25 升）外，每户还须按土地出"役"，并缴纳捆草。西夏文中"役"直译是"职"，也可译成"役"，即出役工。这和宋朝的差役称为"职役"一脉相承。关于出役工事在《天盛律令》"春开渠事门"条目中有具体规定，依据土地多寡分别出劳役 5 日、15 日、20 日、30 日、35 日、40 日，共 6 等，用于春天大兴开渠之事。[②] 黑水城出土文献中有一件租税文书，记有户主姓名，耕地数，纳杂粮、麦、役、草数，有的还记每块地的方位、四至，其中记载地亩和役工的共 11 户，其出役工的日数与上述法典的规定正相符合：无论是从西夏法典还是从西夏租税账看，西夏出役工也以土

---

① 史金波、聂鸿音、白滨译注《天盛改旧新定律令》第十五"地水杂罪门"，第 507~508 页。
② 史金波、聂鸿音、白滨译注《天盛改旧新定律令》第十五"春开渠事门"，第 496~497 页。

地计算，土地越多出工越多。对农民来说这样负担比较合理。

西夏租税中还包括比较特殊的"草"。草在西夏有重要用途。西夏畜牧业发达，冬天需要畜草喂养牲畜过冬；西夏军队作战骑兵的马匹、担负运输的大牲畜都需要草；此外西夏农业灌溉发达，修渠和每年春天开渠灌水都需要大量垫草。《天盛律令》规定：

> 诸租户家主除冬草蓬子、夏莠等以外，其余种种草一律一亩当纳
> 五尺捆一捆，十五亩四尺背之蒲苇、柳条、梦萝等一律当纳一捆。[①]

在黑水城出土的西夏文文书中还发现农户的租、役、草账是逐户登记，以里溜为单位统计造册，如 Инв. No. 8372 耕地纳租役草账。[②] 此文书记一里溜54户，共缴纳36石6斗3升7合半，其中杂粮29石3斗1升、麦7石3斗2升7合半，知共有耕地29顷31亩。服役者为54人，即每户1人，未计共多少日。草2931捆，也合于地亩数。纳粮数按黑水城每亩纳粮1.25升算，也与耕地相合。又据54户纳草2931捆，也证明纳草数与法律规定相符（见图1-51）。

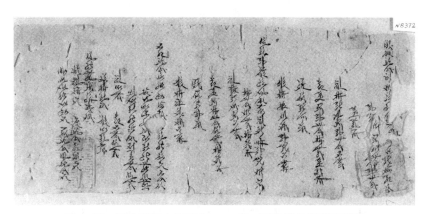

图1-51　黑水城出土西夏文 Инв. No. 8372 耕地纳租役草账

---

① 史金波、聂鸿音、白滨译注《天盛改旧新定律令》第十五"渠水门"，第503页。
② 西夏文 Инв. No. 8372 耕地纳租役草账，出土于内蒙古自治区额济纳旗黑水城遗址，今藏俄罗斯科学院东方文献研究所手稿部，高19.5厘米，宽49厘米，西夏文草书21行，上有朱印3方。见俄罗斯科学院东方研究所圣彼得堡分所、中国社会科学院民族研究所、上海古籍出版社编《俄藏黑水城文献》第14册，第262页。

（3）按人口摊派的人头税。出土的西夏经济文书中有些记录了以各户人口纳税的情况。如 Инв. No. 4991-5 号文书为户籍人口纳税账，是一个农迁溜的籍账（见图 1-52）。这是一种人头税，根据其中男、女，大人、小孩纳税的量可以推算出，纳税标准不论男女，只区分大小，每个大人纳税 3 斗，每个小孩纳税 1 斗半。①

这一文书所反映的事实，证明西夏有以人口纳税的现象。至于西夏黑水城地区这种人头税是法定以外的临时纳税，还是西夏天盛年间以后另加的赋税，尚需进一步研讨。

从这种人头税的纳税量来看，黑水城地区农民负担不轻。如一户二大人、二小孩需纳人头税 9 斗，相当于种 90 亩地的杂粮税。西夏一般农户不足 90 亩耕地。这种高于政府规定土地税的人头税，显然是一种沉重的负担。这种按人口而不按土地面积纳税的办法对土地少的贫困农户不利，而有利于土地多人口相对少的地主。

图 1-52　黑水城出土西夏文 Инв. No. 4991-5 里溜人口税账

---

①　黑水城出土西夏文 Инв. No. 4991-5 里溜人口税账，残页，高 18 厘米，宽 28.5 厘米，西夏文行书 16 行。见俄罗斯科学院东方研究所圣彼得堡分所、中国社会科学院民族研究所、上海古籍出版社编《俄藏黑水城文献》第 13 册，第 322 页；史金波《西夏农业租税考——西夏文农业租税文书译释》，《历史研究》2005 年第 1 期。

（4）除地租外还有水税。黑水城出土西夏社会文书有征收水税（西夏文：𘓨𗹲）的账籍。如 Инв. No. 1781-1 号文书记有四石地"水税一石"，九石地"水税二石二斗五升"（见图 1-53）。[①]

**图 1-53　黑水城出土西夏文 Инв. No. 1781-1 耕地水税账**

所谓"四石地""九石地"分别指撒 4 石种子的地和撒 9 石种子的地，这是西夏农村计算土地的一种方法。通过计算，撒 1 石种子的地合 7~10 西夏亩。若以此计算，上述税账表明 1 石地，即 7~10 亩地应缴纳水税 2 斗 5 升，每亩是 2 升 5 合至 3 升多。这比起第一项地租税每亩缴纳 1 升杂粮和 1/4 升麦要高出 1~2 倍。

### （二）畜牧业

党项羌原主要从事畜牧业，自迁入甘肃、宁夏、陕北等地后，虽有部分人逐渐接受汉族的农业技术，然而畜牧业始终是西夏的主要产业之一。牲畜是西夏农业生产畜力来源，又是商业、交通的运输动力，还是军队骑兵、军事运输的主要装备，同时也是包括党项人在内的游牧民族的肉食主要来源，是生活必需品。可以说牲畜在西夏既是生活资料，又是生产资料，

---

[①] 西夏文 Инв. No. 1781-1 耕地水税账，出土于内蒙古自治区额济纳旗黑水城遗址，今藏俄罗斯科学院东方文献研究所手稿部，残页，高 12 厘米，宽 33.5 厘米，西夏文 15 行。见俄罗斯科学院东方研究所圣彼得堡分所、中国社会科学院民族研究所、上海古籍出版社编《俄藏黑水城文献》第 12 册，上海古籍出版社，2006，第 313 页；史金波《西夏农业租税考——西夏文农业租税文书译释》，《历史研究》2005 年第 1 期。

因此西夏对于牲畜的蓄养给予特殊的重视。

1. 历史传统

隋唐时期，党项族在迁徙到河西以前还没有产生农业，只是牧养牦牛、马、驴、羊、猪等，并将这些牲畜作为食物和衣着的主要来源。党项马在唐朝时就十分有名，唐代鲜卑族诗人元稹曾有"北买党项马，西擒吐蕃鹦"的诗句。①

党项族北迁以后，大多居住在适宜畜牧或宜牧宜稼的地方。比如，西夏前期的统治中心夏州"唯产羊马，贸易百货悉仰中国"。② 那里"水深土厚，草木茂畅，真放牧耕战之地"。③ 李继迁为了抗宋，逃入水草丰美、便于畜牧的地斤泽。其他西夏重要地区如灵州地区，甘、凉地区都是"放牧耕战之地"，甘州"水草丰美，畜牧孳息"，凉州"善水草，所谓凉州畜牧甲天下"。"瓜、沙诸州素鲜少耕稼，专以畜牧为生"。盐州（今陕西省定边县）"以牧养牛马为业"。④ 总之，西夏很多地区干旱少雨，或为山地，或为草原，不宜农耕，大部分是宜于放牧的场所，或宜耕宜牧的半农半牧区。⑤ 加上党项族历来有以畜牧为生的传统，所以西夏仍有不少族户，特别是所谓"生户"，继续从事传统的畜牧业。西夏牧民的食物主要是肉类和乳制品。

畜牧业是党项人最主要的产业，牲畜不仅是党项人生活、生产的必需品，在党项人的传统社会中也有深远影响。比如党项人的占卜、祭祀和复仇习俗都与畜牧业关系密切。⑥

党项族移居的西北地区，盛产牲畜，是中原地区马匹的重要来源地。五代时党项即向中原王朝卖马，后唐明宗时，"诏沿边置场市马，诸夷皆入市中国，有回鹘、党项马最多"。⑦ 宋朝马匹不足，向各地求马，党项族地区是其中之一。"宋初，市马唯河东、陕西、川峡三路，招马唯吐蕃、回纥、党

---

① （宋）郭茂倩编《乐府诗集》卷四十八《清商曲辞五·西曲歌·估客乐（元稹）》，四部丛刊本。

② （宋）司马光：《资治通鉴》卷二百九十二，世宗显德二年（955年）正月庚辰条，中华书局，1956。

③ （宋）李焘：《续资治通鉴长编》卷四十四，真宗咸平二年（999年）六月戊午条。

④ （宋）乐史：《太平寰宇记》卷三十七《关西道·盐州》，中华书局，2000。

⑤ 杜建录：《西夏的畜牧业》，《宁夏社会科学》1990年第1期。

⑥ 《辽史》卷一百一十五《西夏外记》；《宋史》卷四百八十六《夏国传下》；（宋）曾巩：《隆平集》卷二十。

⑦ 《旧五代史》卷一百三十八《外国传二》。

项……诸蕃。"①党项人与他人交战时如战败，损失的也往往是牲畜。如宋至道元年（995年），环州（今甘肃环县）熟藏族攻击李继迁夺取其牛马。②

党项政权对外交往，特别是向强大的邻国进贡时多用畜产品。宋建隆三年（962年），夏州党项首领、定难军节度使李彝殷向宋"献马三百匹"。③宋淳化五年（994年），李继迁"遣牙校以良马来献"。④宋景德三年（1006年），李德明奉表归顺，被宋封为西平王，德明"乃贡御马二十五匹、散马七百匹、橐驼三百头谢恩"。⑤四年，"又献马五百匹、橐驼二百头，谢给奉廪"。⑥不久"复献马五百匹，助修章穆皇后园陵"。党项政权向辽国进贡也是畜牧产品，而且成为定制，西夏与室韦向辽例进马300匹。又如大中祥符五年（1012年），李德明以良马200匹、凡马100匹献契丹。⑦

西夏正式立国后，与宋交恶，进马稀少，但向宋朝求书籍时，仍要进马。西夏毅宗谅祚时，"表求太宗御制诗章隶书石本，且进马五十匹，求九经、《唐史》、《册府元龟》及宋正至朝贺仪，诏赐九经，还所献马"。惠宗时，"遣使进马赎大藏经，诏赐之而还其马"。崇宗乾顺时，贺兴龙节遣使进马、驼。⑧西夏对辽朝也进贡牲畜。西夏对给宋、辽的牲畜特别注意养护。⑨

《天盛律令》多处提到西夏有"四畜群"，"四畜"指驼、马、牛、羊。在西夏首都中兴府西部的西夏陵遗址中，出土了多件西夏牲畜的塑像，其中有大型石马、小石马，还有带辔的小石马（见图1-54、图1-55）。大石马是西夏雕刻艺术中的珍品，长130厘米，重355公斤，通体圆雕，比例适宜，刀法细腻，为西夏石雕中的代表作。

西夏陵遗址中还出土了更为精致的鎏金铜牛。

---

① 《宋史》卷一百九十八《兵制》。
② 《宋史》卷四百九十一《党项传》。
③ （宋）李焘：《续资治通鉴长编》卷三，太祖建隆三年（962年）四月戊申条。
④ （宋）李焘：《续资治通鉴长编》卷三十六，太宗淳化五年（994年）六月乙亥条。
⑤ （宋）李焘：《续资治通鉴长编》卷六十四，真宗景德三年（1006年）十一月乙巳条；《宋史》卷四百八十五《夏国传上》。
⑥ （宋）李焘：《续资治通鉴长编》卷六十五，真宗景德四年（1007年）三月癸丑条。
⑦ 《辽史》卷一百一十五《圣宗纪六》；（清）吴广成：《西夏书事》卷九。
⑧ 《宋史》卷四百八十五《夏国传上》。
⑨ 史金波、聂鸿音、白滨译注《天盛改旧新定律令》第十九"供给驿门"，第576页。

图 1-54　西夏陵出土的大石马　　　　图 1-55　西夏陵出土的带辔石马

　　西夏不断发动对外战争也影响畜牧业的发展，文献中不乏因战争而使党项族帐和牲畜被掠走的记载。西夏文谚语《新集锦合谚语》中也有"卡哨口中莫放牧"的警句。① 意思是不要在与敌军相邻的边界卡哨附近放牧，否则会因敌人的袭击而造成牲畜的损失。西夏天祐民安八年（1097 年），宋军欲进攻西夏天都山地区，"天都山属蕃尽将牛、羊、窖粟预行远徙"，牛羊也成了坚壁清野的对象，这使宋军无所获，但牛羊的仓促远徙对牲畜的养牧是不利的。②

　　宋夏贸易时西夏也以畜产品换取所需物品。如李德明时期恢复互市，党项以驼马、牛羊、玉、毡毯、甘草易宋朝缯帛、罗绮。③

　　《番汉合时掌中珠》中所见牲畜名称有猪、驴、骆驼、马、牛、骡、羖䍲、羊、山羊、细狗、牦牛等，禽类有鸡、鸭、鹅。而在西夏的大型牧场中，有骆驼、马、牛、羊四大群落。

　　西夏法律规定不准宰杀大牲畜牛、骆驼、马，包括自属的大牲畜、盗杀他人大牲畜，甚至分食他人大牲畜肉都要被判处期限不等的徒刑。《天盛律令》规定：

---

① 西夏文谚语集《新集锦合谚语》，出土于内蒙古自治区额济纳旗黑水城遗址，今藏俄罗斯科学院东方文献研究所手稿部，编号 Инв. No. 765。刻本。蝴蝶装，高 21.5 厘米，宽 15 厘米，西夏仁宗乾祐七年（1176 年）梁德养初编，乾祐十八年（1187 年）增补出版。共收 364 条谚语，每条谚语由两句前后对仗工整的文字组成，内容互相照应关联。见俄罗斯科学院东方研究所圣彼得堡分所、中国社会科学院民族研究所、上海古籍出版社编《俄藏黑水城文献》第 10 册，第 328~343 页；陈炳应《西夏谚语——新集锦成对谚语》，山西人民出版社，1993，第 10 页。

② （清）吴广成：《西夏书事》卷三十。

③ 《宋史》卷一百八十六《食货志下八》。

诸人杀自属牛、骆驼、马时，不论大小，杀一个徒四年，杀二个徒五年，杀三个以上一律徒六年。①

牛是西夏畜牧业四畜群牲畜之一，是西夏耕作的主要畜力，更受到西夏人的重视。西夏陵出土了罕见的鎏金大铜牛，该铜牛是一件技艺精湛的铸造艺术品。这尊卧式铜牛出土于西夏陵园 177 号陪葬墓，长 120 厘米，体形硕大，重 188 公斤，模制浇铸成型，腹内空心，外表通体鎏金，双角耸立，两耳平伸，二目远眺，屈肢安卧，造型生动，比例匀称，形象逼真，是国宝级文物（见图 1-56）。此外，这里还出土了小铜牛（见图 1-57）。

图 1-56　西夏陵出土鎏金大铜牛

图 1-57　西夏陵出土小铜牛

---

① 史金波、聂鸿音、白滨译注《天盛改旧新定律令》第二 "盗杀牛骆驼马门"，第 154 页。

西夏还产牦牛。当时牦牛的分布地域要广得多，在其管辖的焉支山、贺兰山两地也盛产牦牛，其中以焉支山的牦牛质量最好。[1] 牦牛可以食用，也可以驮载货物，其毛还可以做织物。

西夏地区有广阔的沙漠地带，被称为沙漠之舟的骆驼是其特产。西夏文《圣立义海》在描述西夏的沙漠时称"坡丘覆草，地软草茂。小兽虫藏：蝎、蛙、小鼠及沙狐多藏伏。畜类牧肥：沙窝长草、白蒿、蓬头厚草，诸种混，四畜群中骆驼放牧得宜也。不种禾熟：沙丘无有种处，天赐草谷、草果，不种自生"。[2] 骆驼不仅是便于长途驮运的畜力，其肉、乳也是牧区的重要食品，特别是驼毛保暖性很强，具有巨大经济价值。据意大利旅行家马可·波罗叙述，他在元初途经西夏故地额里哈牙（今内蒙古自治区阿拉善旗）时，见到一种珍贵的毛织品："城中制造驼毛毡不少，是为世界最丽之毡，亦有白毡，为世界最良之毡，盖以白骆驼毛制之也。所制甚多，商人以之运售契丹及世界各地。"[3] 马可·波罗所经这一带地方，原是西夏畜牧业发达之地。当时距西夏灭亡仅数十年。现在在西夏故地巴丹吉林沙漠、腾格里沙漠都畜养着不少骆驼（见图1-58）。

图1-58　腾格里沙漠中的骆驼

①　史金波、聂鸿音、白滨译注《天盛改旧新定律令》第十九"畜利限门"，第577页。
②　克恰诺夫、李范文、罗矛昆：《圣立义海研究》，第57页。
③　《马可波罗行纪》第七十二章，冯承钧译。

在西夏故地灵武窑出土的瓷器中，就有造型逼真小型褐釉瓷卧式骆驼，其头颈粗壮，二目圆睁，脊竖双峰，下部露胎，神态喜人（见图1-59）。

图1-59 灵武窑出土褐釉瓷骆驼

羊是西夏牲畜四大群落之一，其他三种群落大牲畜法律禁止食用，因此羊就成了主要食用畜类。西夏的仓库中有买羊库、买肉库。① 羊肉味美，富有营养，性温热，在西北冬季漫长的寒冷地区，更是食用的佳品，其皮毛又是牧民御寒穿着的主要原料，加之饲养和繁殖又比较容易，因而是西夏畜牧业的大项。至今西夏故地宁夏、甘肃等地仍以盛产肉味鲜美、皮毛质高的羊著称（见图1-60）。

图1-60 西夏故地草场中的羊群

宁夏灵武窑出土有青釉瓷羊。内蒙古自治区乌海地区有西夏某参知政事墓，在地表的石像生中有石羊。黑水城出土有羊图，今存圣彼得堡艾尔米塔什博物馆（见图1-61）。②

---

① 史金波、聂鸿音、白滨译注《天盛改旧新定律令》第十七"库局分转派门"，第534页。
② 该图出土于内蒙古自治区额济纳旗黑水城遗址，今藏俄罗斯圣彼得堡艾尔米塔什博物馆，纸本，墨画，高11.2厘米，宽12.5厘米。见史金波、白滨、吴峰云编《西夏文物》，图101，第297页。

图1-61  黑水城出土羊图

西夏所产牲畜很多，但没有全国牲畜数量的统计，不过可以从宋夏战争中西夏损失的牲畜数量来了解西夏畜牧业和肉类食品的情况。文献记载，西夏永安元年（1098年），宋将郭成、折可适率军大败夏军，一次"尽俘家属，掳馘三千余，牛羊十万余"。①西夏在战争中一次损失牛羊十万余，不难想象西夏牲畜数量之多。

畜牧业在西夏始终占有重要地位。李德明与其子元昊有一段精彩的对话：

> （元昊）数谏德明无臣中国，德明辄戒之曰："吾久用兵，终无益，徒自疲耳。吾族三十年衣锦绮衣，此圣宋天子恩，不可负也。"元昊曰："衣皮毛，事畜牧，蕃性所便。英雄之生，当王霸尔，何锦绮为？"②

由此可以看出，党项族在北迁后一个多世纪，迅速发展了农业，生活方式也发生了很大变化，特别是统治阶级的变化更是明显，但"衣皮毛，事畜牧"的传统仍然占据重要地位，畜牧业在经济生活中仍有很大的比重，特

---

① （清）吴广成：《西夏书事》卷三十。
② （宋）李焘：《续资治通鉴长编》卷一百十一，仁宗明道元年（1032年）十一月壬辰条。

别是大牲畜还是重要的军事物资。西夏经常用兵作战，马、骆驼是作战、军事运输中不可缺少的，因此西夏十分重视畜牧业。

2. 畜牧业的发展

畜牧业在西夏社会生活中占有重要地位。西夏的谚语集《新集锦合谚语》中关于畜牧业的谚语有很多条，而关于农业的则较少。这反映出农业在党项人中可能还是一门新兴的产业，因为谚语的形成需要长时期的经验积累；而西夏的畜牧业有悠久的历史，故而有关畜牧业的谚语很多。比如《新集锦合谚语》中有"祭神有羊番地梁，想要有钱汉商场"，说明羊不仅是人的食品，也是祭祀用的供品。又如"善养畜，人富名；善养子，众称贵""有物不贵有智贵，无畜不贱无艺贱"，从正面和侧面反映出牲畜的有无和数量的多寡是区分人们贵贱高低的重要标尺。书中还有很多条关于马、牛、羊、骆驼的谚语。① 西夏《天盛律令》中称家庭和个人所有的财物为"畜物"。② 可见"畜"在西夏财产中所占据的分量。《文海》有关畜牧业的字条达 100 多条，对牲畜、畜产品、牲畜疾病名称有细致的区分，这表明当时因畜牧业的发达而对牲畜及相关的事物有了深刻的认识。

西夏时期有官牧和私牧。官牧以国家牧场为主，诸牧场牧养四种官畜：马、骆驼、牛、羊。贡献或卖给他国的牲畜关系到国家的外交和经济收益，国家对官牧重视有加，因此对给予他国所用骆驼、马等属官畜，不许诸人与私畜调换。③ 官私牧场有地界，"诸牧场之官畜所至住处，昔未纳地册，官私交恶，此时官私地界当分离，当明其界划"。放牧官畜也以牧主户为单位。"诸父子所属官马当于各自属处养治，每年正月一日起，依四季由职管行监、大小溜首领等校阅"，"许其于官私有水草地牧放"。④ 放牧官畜要定期向国家交纳繁殖的牲畜。这些规定使畜牧业有序经营并得以发展。

黑水城出土的户籍表明，即便是有土地的农户，也兼营畜牧。黑水城地区的农户畜养许多牲畜，这些牲畜除用于农业畜力、食用和提供毛皮，还有一部分用于商品交换。

①　陈炳应：《西夏谚语——新集锦成对谚语》，第 7、24、8 页。
②　史金波、聂鸿音、白滨译注《天盛改旧新定律令》第一 "谋逆门"，第 111 页。
③　史金波、聂鸿音、白滨译注《天盛改旧新定律令》第十九 "牧场官畜地水井门"，第 598 页。
④　史金波、聂鸿音、白滨译注《天盛改旧新定律令》第六 "军人使亲礼门"，第 255 页。

西夏境内，除汉族以外的其他民族也多经营畜牧业。西夏境内的回鹘人也多以畜牧为生。回鹘是西夏境内的重要民族之一，自唐末势力渐弱，散处甘州、凉州、瓜州、沙州一带，各立君长，分领族帐，"居无恒所，随水草流移"。① 受西夏统治后，回鹘仍主要从事畜牧业。吐蕃人原居住在青藏高原，畜牧业和农业均是人们取得食品的重要行业，"其地气候大寒，不生粳稻，有青稞麦、䝁豆、小麦、乔麦。畜多牦牛猪犬羊马"。② 吐蕃人畜养的牲畜种类和党项人多相同，不过吐蕃人把牦牛的牧养放到第一位。

3. 畜牧业的管理

西夏政府机构中有群牧司，专门管理畜牧之事，它和农田司一样属于中等司。群牧司设6名正职，6名承旨，6名都案，14名案头，比农田司多设2名正职，2名承旨，2名都案，2名案头。此外，西夏对马的牧养尤为看重，政府还特设马院，专事官马的放牧和管理，属于下等司，设3名承旨，2名都案，4名案头。③ 西夏的群牧司应是效法宋朝的群牧司而来。然而宋朝的群牧司主要是经管用于军事的马政，所以其首长直接由负责军事的枢密使或副使担任。西夏的群牧司则掌管全国马、驼、牛、羊四大种群。在西夏，参与管理畜牧业的还有各地方的经略司、监军司。在地方管理牧场的有牧首领、末驱，其上还设盈能管理、验校官畜。④

西夏《天盛律令》中有很多关于畜牧业的规定，在第十九中13门78条几乎都是有关畜牧业的条款，各门的题目是"派牧监纳册""分畜""减牧杂事""死减""供给驮""畜利限""官畜驮骑""畜患病""官畜私畜调换""校畜""管职事""牧场官地水井""贫牧逃避无续"。这些法律条文对西夏畜牧业做了细致的规定，可见西夏对畜牧业的管理特别重视，总结出很多管理经验。其他如第二"盗杀牛骆驼马门"，第三"妄劫他人畜驮骑门""分持盗畜物门""买盗畜人检得门"，第十一"射刺穿食畜门""共畜物门"等都和牲畜的管理有关。

西夏对牲畜的管理很严格。《天盛律令》规定，在西夏对官牧的牲畜要

① 《旧唐书》卷一百九十五《回鹘传》。
② 《旧唐书》卷一百九十六《吐蕃传》。
③ 史金波、聂鸿音、白滨译注《天盛改旧新定律令》第十"司序行文门"，第368页。
④ 史金波、聂鸿音、白滨译注《天盛改旧新定律令》第十九"牧盈能职事管门"，第595页。

登记编册，死亡要注销。每年从四月一日起由牧首领选拔的基层管理者盈能对所有官畜，包括新生的幼畜进行号印登记，十月一日大校检验。① 这样能准确掌握牲畜的品种、数量，并为确定缴纳畜利提供依据。每年在牧场进行大检校时将登记簿册、注销畜册、诸司证明等与牲畜核对磨勘，有隐匿受贿者，要按律判罪。②

关于无故损害牲畜的犯罪，西夏法律的处罚十分严酷。西夏政府对屠宰大牲畜做了严格的限制。规定：

> 诸人杀自属牛、骆驼、马时，不论大小，杀一个徒四年，杀二个徒五年，杀三个以上一律徒六年。③

在《天盛律令》中还有关于损害牲畜的犯罪处罚规定，也很严厉。如规定：

> 盗窃畜、物、肉等未参与分持，已知为盗屠而拿所食残肉时，是牛、骆驼、马，徒二年，是骡、驴，十三杖，是羊及别种肉，知为盗物，打十杖。④

未参与盗窃牲畜，只是吃了盗窃来的牛、骆驼、马牲畜肉，也要判处二年徒刑。法律还规定官、私畜不能调换，调换者一律徒二年。⑤

西夏保护大牲畜的法律规定和具体措施，避免了对大牲畜的随意宰杀，可以使畜牧业从简单再生产走向扩大再生产，不仅能起到保障国家和军队战略物资的作用，还能起到利用特殊资源发展生产、促进特色贸易的作用。

西夏在处理过失或犯罪时，如犯罪较轻，往往罚马，有官人犯罪可以以马抵杖刑或徒刑。以马抵罪时，最多可用七匹马。一般庶人应打十三杖

---

① 史金波、聂鸿音、白滨译注《天盛改旧新定律令》第十九"牧盈能职事管门"，第597页。
② 史金波、聂鸿音、白滨译注《天盛改旧新定律令》第十九"畜利限门"，第580页。
③ 史金波、聂鸿音、白滨译注《天盛改旧新定律令》第二"盗杀牛骆驼马门"，第154页。
④ 史金波、聂鸿音、白滨译注《天盛改旧新定律令》第三"分持盗畜物门"，第172页。
⑤ 史金波、聂鸿音、白滨译注《天盛改旧新定律令》第十九"官畜驮骑门"，第581~582页。

时，有官人罚一匹马。① 以牲畜抵罪也是畜牧经济兴盛的反映。西夏法典中对牲畜的重视和在牲畜方面触犯刑律的严厉处罚，以及以马抵罪的做法具有明显的民族和地域特点。

《文海》中对"牧"字的解释为"管理牲畜，寻找水草也"。② 可见西夏畜牧的形式主要是游牧。西夏地区一般比较干旱，牲畜饮水是一个很大的问题。《新集锦合谚语》中有"修建祖居狼不掏，凿井草中畜不渴"。③西夏文《碎金》中有"泉源兽奔绕，渠井牲畜饮"。④ 说明西夏时期不仅仅是靠河流、湖泊等自然水源，还能利用人工开凿的水渠或在放牧的草地中凿井，来解决牲畜的饮水问题。《天盛律令》对牧场修造水井有明确规定。凿井的质量要好，不能妨碍官畜水源，但又强调别人在不妨碍官畜水源处凿井则不许阻拦。可见西夏政府提倡凿井，以保障牲畜饮水，发展畜牧。⑤

牧场是畜牧业最重要的生产资料，和农业中的耕地一样受到特别的重视。西夏法律规定官畜和私畜的放牧地界要划清。《天盛律令》中的牧场专指放牧官畜之牧地，属群牧司管辖，由大、小牧监管理。牧场不准私人放牧，不准开垦种地，不允许"官畜处于水过处垦耕"。⑥ 看来西夏时期已经注意到在草场过度开垦，特别是占用草场牲畜用水垦耕的弊病，并总结经验，将其提升到法律层面协调保护草场。

西夏的牧民对牲畜赖以生存的牧草非常熟悉，有细致的认知。西夏文《三才杂字》中列有"草"一类，其中记明各种草名 46 种。冬春之季，牧草稀少，牲畜往往乏食，如遇雪灾，牲畜会大批死亡。西夏谚语中有"牧人睡，草堆摧"，⑦ 意思是如果牧人睡懒觉，草堆就不会充实，这证明西夏时期已经有秋割牧草以备牲畜冬春食用的生产方法。西夏的畜牧业已经达到圈养和放牧相结合的程度。

---

① 史金波、聂鸿音、白滨译注《天盛改旧新定律令》第二"罪情与官品当门"，第 138~146 页。
② 史金波、白滨、黄振华：《文海研究》，杂 18.162，第 552 页；杂 19.211，第 554 页。
③ 陈炳应：《西夏谚语——新集锦成对谚语》，第 10 页。
④ 聂鸿音、史金波：《西夏文本〈碎金〉研究》，《宁夏大学学报》1995 年第 2 期。
⑤ 史金波、聂鸿音、白滨译注《天盛改旧新定律令》第十九"牧场官地水井门"，第 598~599 页。
⑥ 史金波、聂鸿音、白滨译注《天盛改旧新定律令》第十九"牧场官地水井门"，第 598 页。
⑦ 陈炳应：《西夏谚语——新集锦成对谚语》，第 21 页。

西夏法律规定，对官牧场中的牲畜，牧人要好好喂养，不许减少食草；若减少食草，致使牲畜赢瘦要受处罚，以法论罪。[1]

西夏政府向农户征收草捆，保障了牲畜冬春乏草时有储备的干草食用，是全民支撑畜牧业、保证军需的有效措施。在西夏，储存畜草已成为政府行为，证明西夏畜牧业的发达和对畜牧业管理的细致。这种措施使西夏军队的马、骆驼，官家的牲畜的冬春食草有了切实的保障。在西夏，不仅政府收取、储存草，家庭也储存畜草。《天盛律令》在提及家庭财产时除土地、牲畜、粮食外，往往还有草捆。[2] 证明草捆是家庭财产的重要组成部分。

在西夏，给牲畜喂食畜草时已采用将畜草分段铡碎的方法，《文海》有"铡刀"条，注释为"斩草用也，碎粒之谓也"。[3] 西夏文献记载有西夏官员及随员出差在外，其本人和所骑马匹的粮食供应标准，每匹马每日7升或5升。[4] 可见西夏对大牲畜有饲草加料的喂养方法。

牲畜生病是畜牧业的一大祸患。西夏人对牲畜有细致的了解，对牲畜患病十分重视。[5] 不仅是马，所有诸牧场中的四种官畜患病时，都要及时禀报经略司或群牧司，使人验看。若死亡，要留下牲畜带印的耳、皮、疤以备检验。[6]《文海》中也记载了一些有关牲畜疾病的内容，如牛病、牛疮、马病、马蹄疮等。

牲畜的繁殖是延续畜牧业生产最重要的问题。西夏牲畜的配种时期主要在每年的八月以后。《圣立义海》"八月之名义"中"依时鸣配"条记载："八月后始放羊、牛，马鸣配、孕驹（结果）。"[7] 在西夏，羊是正月前后产羔。西夏文《月月乐诗》记载，正月"白高风压羊生产""白高暖舍羊已生"。[8]

---

[1]　史金波、聂鸿音、白滨译注《天盛改旧新定律令》第十九"畜利限门"，第580页。

[2]　史金波、聂鸿音、白滨译注《天盛改旧新定律令》第八"烧伤杀门"，第292~293页。

[3]　史金波、白滨、黄振华：《文海研究》杂19.151，第553页。

[4]　史金波、聂鸿音、白滨译注《天盛改旧新定律令》第二十"罪则不同门"，第612~614页。

[5]　史金波、聂鸿音、白滨译注《天盛改旧新定律令》第十九"畜患病门"，第582页。

[6]　史金波、聂鸿音、白滨译注《天盛改旧新定律令》第十九"畜利限门"，第576~579页。

[7]　克恰诺夫、李范文、罗矛昆：《圣立义海研究》，第52页。

[8]　俄罗斯科学院东方研究所圣彼得堡分所、中国社会科学院民族研究所、上海古籍出版社编《俄藏黑水城文献》第11册，上海古籍出版社，1999，第271~274页。译文见〔日〕西田龙雄《西夏语〈月月乐诗〉的研究》，《京都大学文学部研究纪要》，通号25，1986年。此译文个别句读和词语有所改易。

　　牧人的牧养，使牲畜长大肥壮，并使母畜产仔以增加牲畜的数量，此外还能收获畜毛，从畜乳中提炼酥油。《天盛律令》规定牧场中牧人每年要定额交纳仔畜，还规定四种畜中，牛、骆驼、母羖羺等年年应交毛、酥。甚至对骆驼的项绒、腿绒都分类计算，对羊毛也分春毛绒、秋毛、羔夏毛计算，对牦牛也要按规定交纳绒毛。①

　　西夏政府设置牧场，并着力经营，目的是获利。由上述法律规定可知，牧场每年都能获得丰厚的收益，其中包括大量的马、牛、骆驼、羊的仔畜、畜毛和乳酥。在管理牧场中，西夏政府也取得了丰富的经验，充实并完善了相关法律。

---

① 　史金波、聂鸿音、白滨译注《天盛改旧新定律令》第十九"畜利限门"，第576～579页。

# 第二章　灾情和特点

西夏自然灾害频发，但由于历史上未修西夏正史，一般正史中记载自然灾害较多的本纪、志缺失，因此记载西夏自然灾害的历史资料非常少。在传统历史文献中，有时几十年未有关于西夏灾害的记录。看来对西夏自然灾害的漏载不少。以下所述西夏灾情一方面依据有关西夏的史料，另一方面也参考宋朝对与西夏临近地区的灾情记载。

## 第一节　灾情综述

西夏所辖地区原是中原王朝的一部分，其主要灾种也与中国当时的其他并立王朝相近，包括水灾、旱灾、地震、虫灾、鼠灾、雷电灾害和火灾、寒灾、疾病等项。

### 一　主要灾种

西夏地区的自然灾害种类不少，仅文献记载较大的自然灾害就有 20 多起。本书所述的西夏的自然灾害时间除西夏王朝的 190 年外，也包括西夏立国前党项族首领李继迁抗宋自立以后的几十年时间。

#### （一）水灾

水灾指洪水泛滥、暴雨积水和土壤水分过多对社会造成的灾害。一般所指的水灾，以洪涝灾害为主。水灾威胁人民生命安全，使农作物遭受涝灾，从而造成巨大的财产损失，不仅严重影响人们的生产、生活，也对社

会经济发展产生不良影响。据历史文献记载，与党项族夏州政权和西夏有
关的水灾有：

宋咸平五年（1002 年）八月，"大雨，河防决。雨九昼夜不止，河水暴
涨，防四决，蓄汉漂溺者无数"。①

西夏毅宗奲都五年（1061 年）六月，"是时七级渠泛溢，灵、夏间庐
舍、居民漂没甚众"。②

西夏崇宗贞观十一年（1111 年）秋八月，"夏州大水。大风雨，河水暴
涨。汉源渠溢，陷长堤入城，坏军营五所、仓库民舍千余区"。③

汉源渠为河西古渠，在今宁夏西北部黄河西岸。《宋史·夏国传下》记
载，西夏时"兴、灵则有古渠曰唐来，曰汉源，皆支引黄河"。④ 汉源渠似
为汉代开凿、后世一直利用的灌渠，又称汉延渠。此渠据上述《宋史》载
应在中兴府、灵州一带的黄河附近，《西夏书事》记录于夏州大水之下。夏
州在兴、灵东，相距数百里之遥，恐记载有误。所记"汉源渠溢，陷长堤
入城，坏军营五所、仓库民舍千余区"，似非指夏州，当时夏州在西夏已非
重要城市，或许也没有那么多军营以及仓库、民舍。应是指黄河边上、汉
延渠附近的兴州（中兴府）。

西夏应天四年（1209 年）九月，蒙古大军进攻西夏首都中兴府，正逢
大雨，河水暴涨。蒙古军队筑防河堤，遏水灌城，城内居民溺死无数。⑤ 这
是天灾加人祸。

**（二）旱灾**

旱灾指因气候严酷或不正常的干旱而形成的气象灾害。一般指因土壤
水分不足，农作物水分平衡遭到破坏而减产或歉收，从而带来粮食短缺问

---

① （清）吴广成：《西夏书事》卷七。（宋）李焘：《续资治通鉴长编》卷五十四，真宗咸平
六年（1003 年）五月壬子条载，"继迁在灵州东三十里东关镇，树栅居之，所部人骑约三
万。去岁伤旱，禾麦不登，又引河水溉田，功毕而防决"。未直接提及雨情，但"防决"
可能是大雨所致。

② （清）吴广成：《西夏书事》卷二十。

③ （清）吴广成：《西夏书事》卷三十二。"夏州"应为"兴州"，见孙伟《〈西夏书事〉纠
谬二则》，《陕西师范大学学报》2004 年第 4 期。

④ 《宋史》卷四百八十六《夏国传下》。

⑤ （清）吴广成：《西夏书事》卷四十。

题，甚至引发饥荒。同时，旱灾亦可令人类及动物因缺乏足够的饮用水而死亡。此外，旱灾后则容易发生蝗灾，进而引发更严重的饥荒，导致社会动荡。据历史文献记载，与党项族夏州政权和西夏有关的旱灾有：

宋咸平五年（1002 年）六月，"夏州自上年八月不雨，谷尽不登"。①

宋大中祥符元年（1008 年）六月，绥、银、夏三州久旱不雨。②

宋大中祥符三年（1010 年），西夏境内歉旱。③

西夏景宗天授礼法延祚五年（1042 年）七月，秋旱。④

西夏惠宗天赐礼盛国庆五年（1073 年）六月，境内大旱。⑤

西夏惠宗大安十一年（1084 年），自三月至七月不雨，大旱。⑥

西夏崇宗天仪治平三年（1089 年），西夏黄河以南地区大旱。⑦

西夏崇宗贞观十年（1110 年），瓜、沙、肃三州自三月至九月不雨。⑧

西夏仁宗乾祐七年（1176 年）秋七月，旱。⑨

西夏神宗光定十三年（1223 年）五月，兴、灵自春无雨，大旱。⑩

西夏献宗乾定三年（1226 年），河西旱。⑪

《宋史》记载，一些与西夏相关、临近地区有旱灾，如熙宁三年（1070年）陕西旱；绍兴十二年（1143 年）十二月，"陕西不雨，五谷焦枯"。⑫

### （三）地震

地震又称地动，是地壳快速释放能量过程中造成振动，其间会产生地

① （宋）李焘：《续资治通鉴长编》卷五十四，真宗咸平六年（1003 年）五月壬子条；（清）吴广成：《西夏书事》卷七。

② （清）吴广成：《西夏书事》卷九。

③ 戴锡章编撰，罗矛昆点校《西夏纪》卷五，宁夏人民出版社，1988。

④ 《宋史》卷四百八十五《夏国传上》；（清）吴广成：《西夏书事》卷十六。

⑤ （宋）李焘：《续资治通鉴长编》卷二百五十四，神宗熙宁七年（1074 年）六月己卯条；（清）吴广成：《西夏书事》卷二十四。

⑥ （清）吴广成：《西夏书事》卷二十七。（宋）李焘：《续资治通鉴长编》卷三百六十，神宗元丰八年（1085 年）十月丁丑条载，宋臣范纯仁认为西夏旱灾"其传多有过当"。

⑦ （清）吴广成：《西夏书事》卷二十八。

⑧ （清）吴广成：《西夏书事》卷三十二。

⑨ （清）吴广成：《西夏书事》卷三十八。

⑩ （清）吴广成：《西夏书事》卷四十一。

⑪ （清）吴广成：《西夏书事》卷四十二。

⑫ 《宋史》卷六十七《五行志五》。

震波的一种自然现象。地球上板块与板块之间相互挤压碰撞，造成板块边沿及板块内部错动和破裂，这是引起地震的主要原因。地震常常造成严重的人员伤亡，能引起火灾、水灾等，还可能造成滑坡、崩塌、地裂缝等次生灾害。据历史文献记载，与党项族夏州政权和西夏有关的旱灾有：

西夏崇宗天祐民安四年（1093 年），凉州一带大地震，感通寺被震受损。①

西夏崇宗雍宁四年（1117 年），熙河、泾原、环庆地震。②

西夏仁宗大庆四年（1143 年）三月，地震。夏四月，夏州"地裂泉涌"。③

西夏末帝宝义元年（1227 年），西夏都城被困，在灭亡的前夕，又发生大地震，宫室多被震坏。④

《宋史》记载，一些与西夏相关、临近地区有地震，如宋至道二年（996 年）十月，"潼关西至灵州、夏州、环庆等州地震，城郭庐舍多坏"。元祐四年（1089 年）春，陕西地震。元祐七年（1092 年）九月，"兰州、镇戎军、永兴军地震，十月庚戌朔，环州地再震"。宣和七年（1125 年）七月己亥，"熙河路地震，有裂数十丈者，兰州尤甚。陷数百家，仓库俱没"。⑤

### （四）虫灾

虫灾属于有害生物繁殖过量型灾害，指某种昆虫由于繁殖量过大，吞食大量农作物，从而造成饥馑的自然灾害。我国古代虫灾多发，主要是蝗灾。蝗灾往往和严重旱灾相伴而生。蝗虫趋水喜洼，常由干旱地方成群迁往低洼易涝地方。人们总结经验，认为"旱极而蝗""久旱必有蝗"。蝗虫一旦群聚活动，会大量聚集、集体迁飞，形成令人生畏的蝗灾，对农业造成极大损害。干旱的环境对蝗虫的繁殖、生长发育和存活有许多益处。干旱使

---

① 史金波：《西夏佛教史略》，第 251~252 页。
② 《宋史》卷六十七《五行志五》载："政和七年六月，诏曰：'熙河、环庆、泾原路地震经旬，城寨、关堡、城壁、楼橹、官私庐舍并皆摧塌，居民覆压死伤甚众，而有司不以闻，其遣官按视之。'"（清）吴广成：《西夏书事》卷三十三系于宋重和元年（1118 年）二月，"时熙河、泾原、环庆同日地震，民心慌乱"，似误。
③ （清）吴广成：《西夏书事》卷三十五。
④ （清）吴广成：《西夏书事》卷四十二。
⑤ 《宋史》卷六十七《五行志五》。

蝗虫大量繁殖，迅速生长。在干旱年份，由于水位下降，土壤变得比较坚实，含水量降低，且地面植被稀疏，蝗虫产卵量大为增加。另外，干旱环境中生长的植物含水量较低，蝗虫以此为食，生长得较快，而且生殖力较强。在中国历史上旱灾和虫灾经常同时发生。有关西夏虫灾的记载很少：

西夏仁宗乾祐七年（1176 年）秋七月，"蝗大起"。①

《宋史》记载，一些与西夏相关、临近地区有虫灾，如熙宁九年（1076 年），"陕西蝗"。②

**（五）鼠灾**

鼠灾是老鼠大量繁殖，啮食农作物、牧草及林木，危害农林牧业生产的灾害。这可能是人类生活及捕猎活动使老鼠的天敌（如鹰、蛇等）减少，食物链失衡造成的。西夏的鼠灾记载仅有一次：

西夏景宗天授礼法延祚四年（1041 年）七月，"有黄鼠数万，食稼且尽"。③

**（六）雷电灾害和火灾**

雷电灾害是伴有闪电和雷鸣的一种云层放电现象。雷电常伴有强烈的阵风和暴雨，常导致人员伤亡和建筑物受损。西夏也有雷电灾害发生：

西夏天盛七年（1155 年）夏"五月朔，日有食之。越日，大风雨，雷电震坏宫殿鸱尾"。④

西夏时期的火灾多为与宋军作战时，一方纵火给对方造成的灾害。这类火灾事件先后发生数起，使生命财产遭受损失。

**（七）寒灾**

寒灾是超出正常的寒冷天气影响，低温冷冻，使农作物和牧草无法正常生长，造成农作物减产或绝收，进而影响人们生产、生活的灾害。西夏也曾发生寒灾：

西夏末帝宝义元年（1227 年），春寒，"马饥人瘦"。⑤

---

① （清）吴广成：《西夏书事》卷三十八。
② 《宋史》卷六十二《五行志一下》。
③ 《宋史》卷四百八十五《夏国传上》；（清）吴广成：《西夏书事》卷十六记为宋庆历二年（西夏天授礼法延祚五年）。
④ （清）吴广成：《西夏书事》卷三十六。
⑤ （清）吴广成：《西夏书事》卷四十二。

### （八）疾病

疾病给人类造成的伤害非常严重。至今未见到有关西夏流行大规模瘟疫的记载。但从一些西夏重要历史人物患病以及出土的医药文献看，西夏和中国其他地方一样，疾病是给个人和家庭带来痛苦和灾难的常见现象。

由此可见，西夏地处较干旱的西北地区，自然灾害以旱灾为主，发生频率高；也有黄河及其他河流的水患；西夏处于地震多发的地震带，因此所受地震灾害不浅。

## 二　灾害情状

在西夏立国前的夏州政权时期，党项族居住地区就发生过大面积的自然灾害。有的灾害，文献未直接记载当时的灾情，但据当时发生的历史事件分析，可判断曾发生的灾害种类及其程度。

### （一）西夏建国前的灾情

西夏地处黄河中游。黄河水患自古就有，大禹治水就是最早治理黄河的实例，之后历朝历代都整治黄河，但是水患一直不断。

宋至道二年（996年）八月，宋将王超与范廷召由铁门关遇党项族军队，击破这股军队后，抵达无定河，但水源涸绝，军士渴乏，正好当时河东转运使索湘挈大锹千把到达，凿井得泉而获饮水解战士渴乏。无定河发端于陕西省白于山区，途经毛乌素沙漠南缘，最后注入黄河，是一条较大的黄河支流。无定河属于干燥地区多沙性河流，河水的含沙量很高。加上这里气候干燥，蒸发强烈，泥沙会慢慢堆积，渐渐堵塞河床，河流会经常改道，故称无定河（见图 2-1）。无定河河水干枯，可知当地大旱。①

当年李继迁攻打灵州时，宋夏双方作战时"围城岁余，地震二百余日"。②又当年十月，夏州地震，"城郭庐舍多坏"。③ 地震造成城郭、房屋大多损坏，大概人畜伤亡也不在少数。

宋咸平五年（1002年），"夏州自上年八月不雨，谷尽不登。至是年七

---

① （宋）李焘：《续资治通鉴长编》卷四十，太宗至道二年（996年）九月己卯条；（清）吴广成：《西夏书事》卷六。

② （宋）李焘：《续资治通鉴长编》卷三十九，太宗至道二年（996年）五月辛丑条。

③ （清）吴广成：《西夏书事》卷六。

图 2-1　无定河

月，旱益甚"① （见图 2-2）。李继迁下令筑堤防，引河水灌田。但不过一月，又有九昼夜的大雨，河防决口，番汉人民溺死无数。李继迁统治地区先旱后涝，虽采取筑堤应对措施，无奈接连大雨，防堤未能阻挡雨后洪水，损失很大。黄河源远而高，流量大而疾速，历代为中国水患。唯独在灵、夏诸州，水患不多，而能得水利。此年旱涝灾害接踵而至，加之当时李继迁与宋朝不断征战，使庶民遭受的损失更大。这一年几乎绝收。翌年（1003 年）二月，银、夏、宥三州大饥荒，饥殍相望，应是头年大灾所致。四月，继迁"籍州民衣食丰者徙之河外

图 2-2　夏州遗址

---

① （宋）李焘：《续资治通鉴长编》卷五十四，真宗咸平六年（1003 年）五月壬子条；（清）吴广成：《西夏书事》卷七。

五城，不从杀之"。番、汉人民不愿迁徙，嗟怨之声四起。六月，继迁以部下饥乱，率领其族党 3 万人迁居灵州东的东关镇，分掠河东边境。①

五年后的宋大中祥符元年（1008 年），李继迁管辖的绥、银、夏三州又久旱不雨，黄河淤浅，诸水源涸，居民惶乱，禾麦不登，绥、银两州向以大理河、无定河灌溉，也乏水灌溉，造成银、夏等州境内饥荒。②

大理河是黄河支流无定河的第二大支流，在陕西省北部，榆林地区南部。大理河源于靖边县中部白于山东沿的五台山南侧乔沟湾，东南流经横山区、子洲县、绥德县，在绥德县城东北注入无定河。大理河沿岸黄土深厚，水土流失严重。下游河谷略开阔，河道变宽，沿河两岸地势低平，土壤肥沃，为农耕集约粮食产区，素有"米粮川"之称。这样重要的农耕之地干旱严重，造成饥荒，对社会影响很大。

据史书记载，大中祥符三年（1010 年）初，西夏"饥，贷粟于宋"，"绥、银久旱，灵、夏禾麦不登"。③ 年初饥馑，应是头年荒旱所致。当年七月，宋朝遣使到与西夏毗邻的鄜延路抚谕缘边将，使者回来后，言"德明境内歉旱，尝为回鹘所侵，德明率所部将劫回鹘种落，故遣人守境土也"。④ 可知当年西夏境内连续发生旱灾。

**（二）西夏前期的灾情**

西夏建国后，天灾仍然不断困扰西夏。如景宗天授礼法延祚五年（1042 年），"黄鼠食稼，天旱，赐遗、互市久不通，饮无茶，衣帛贵，国内疲困"。⑤

---

① （宋）李焘：《续资治通鉴长编》卷五十五，真宗咸平六年（1003 年）九月壬辰条；（清）吴广成：《西夏书事》卷七。
② （宋）李焘：《续资治通鉴长编》卷六十八，真宗大中祥符元年（1008 年）正月壬申条；（清）吴广成：《西夏书事》卷九。
③ 戴锡章编撰，罗矛昆点校《西夏纪》卷五。
④ （宋）李焘：《续资治通鉴长编》卷七十四，真宗大中祥符三年（1010 年）七月戊寅条载："鄜延路钤辖张崇贵言，蕃落居民以秋成获田，遗兵戍境上。上曰：'此盖虑德明反复耳。'辛巳，遣使抚谕缘边将，仍访崇贵防遏之策。使回，言德明境内歉旱，尝为回鹘所侵，德明率所部将劫回鹘种落，故遣人守境土也。"
⑤ （宋）李焘：《续资治通鉴长编》卷一百三十八，仁宗庆历二年（1042 年）年末条载："元昊之贵臣野利刚浪凌、遇乞兄弟，皆有材谋，伪号大王。亲信用事，边臣多以谋间之。刚浪凌即旺荣也。始，旺荣答范仲淹求和书，语犹嫚。仲淹既去，庞籍代知延州，乃言诸路皆传元昊为西蕃所败，野利族叛，黄鼠食稼，天旱，赐遗、互市久不通，饮无茶，衣帛贵，国内疲困，思纳款。"又见（清）吴广成《西夏书事》卷十六。

这次是旱灾加鼠害。黄鼠是鼠类的一种。鼠类啃食农作物、牧草及林木，危害农林牧业生产；在地下打洞，危及沿湖防洪大堤等工程安全；加剧土地荒漠化；传播疾病，危害人体健康。虽未明确记载受灾地区，但从粮食几乎绝收、国内造成大饥荒、境内疲困状况来看，受灾面积不小。因国中困乏，又入侵宋朝边界掳掠，境内困于军队点集，财用不给，牛羊悉卖契丹，饮无茶，民众皆唱"十不如"歌谣，怨声载道。

毅宗辇都五年（1061 年）六月，灵州、夏州大水，"七级渠泛溢，灵、夏间庐舍、居民漂没甚众"。① 灵州也在黄河岸边。七级渠是灵州大渠，有支渠数十条，蓄泄河水。此次水患造成的损失十分严重，很多人家破人亡，受灾地区的农田收获无望，活下来的人面临衣食无着的惨境。

灵州为汉代所建，西夏时期为翔庆军、西平府所在地，后为大都督府。这里不仅在西夏时有水患，此后明代黄河水淹没灵州，"城凡三徙"，明宣德三年（1428 年）第三次迁徙灵州城，迁移到今灵武市。看来黄河的水患不仅对灵州的农业有严重影响，还直接造成了一座大城市的衰落。

宋嘉祐六年（1061 年），不仅西夏地区，宋代文献记载"是月，河北、京西、淮南、两浙东西并言雨水为灾"，② 看来该年西夏及宋朝的很大部分地区皆有水患。

西夏惠宗天赐礼盛国庆五年（1073 年）六月，西夏境内大旱，草木枯死，羊马无所食。监军司令于宋夏缘边放牧。③《续资治通鉴长编》又记载，宋熙宁七年（1074 年）二月：

> 以河北、京东、陕西久旱，诏转运司各遣长吏祈雨。又诏永兴军等路转运司体量本路灾伤，具赈恤事状以闻。④

① （清）吴广成：《西夏书事》卷二十。
② （宋）李焘：《续资治通鉴长编》卷一百九十四，仁宗嘉祐六年（1061 年）七月甲辰条。
③ （宋）李焘：《续资治通鉴长编》卷二百五十四，神宗熙宁七年（1074 年）六月辛巳条；（清）吴广成：《西夏书事》卷二十四。
④ （宋）李焘：《续资治通鉴长编》卷二百五十，神宗熙宁七年（1074 年）二月丙戌条。

图 2-3　近代黄土高原的干旱土地

这里提到二月"陕西久旱"，当自前一年已形成旱灾。这与前述记载天赐礼盛国庆五年"西夏境内大旱，草木枯死，羊马无所食"相吻合。陕西北部至今仍时常有干旱发生（见图 2-3）。此时宋神宗下诏："严察汉蕃，无致侵窃。"当时旱灾面积很大，宋朝陕西诸路也发生旱饥，缘边蕃、汉民众乏食。西夏掌权国相梁乙埋不思救灾，反而遣人以财物招诱宋朝熟户，挑起边界纠纷。熙宁七年九月，宋朝环庆路安抚使楚建中奏言：

　　以缘边旱灾，汉、蕃阙食，夏人乘此荐饥，辄以赏物招诱熟户，至千百为群，相结背逃。①

所谓"荐饥"即连续灾荒之意。宋朝环州、庆州也与西夏相邻。当年这些地区旱灾严重，宋朝沿边是汉族和蕃族杂居之地，缺食饥荒，而西夏还乘此机会，招诱蕃族中的熟户逃亡西夏。西夏虽于前年有旱灾，但仍然有赏物招诱宋朝逃亡熟户，可能旱灾已过。

　　西夏惠宗大安十一年（1084 年），西夏银州、夏州又遭遇大旱，自三月至七月无雨，日赤如火，田野龟坼，禾麦尽槁，造成大饥荒。惠宗派官员祈禳二十日，当然毫无作用，民众大饥。② 后银州在战乱和干旱中成为废墟（见图 2-4）。《续资治通鉴长编》也记载：

---

① （宋）李焘：《续资治通鉴长编》卷二百五十六，神宗熙宁七年（1074 年）九月己亥条载："环庆路安抚使楚建中言：'奉手诏，以缘边旱灾，汉、蕃阙食，夏人乘此荐饥，辄以赏物招诱熟户，至千百为群，相结背逃。若不厚加拯接，或致窜逸，于边防障捍非便，委臣讲求安辑救接之法。臣自八月首，户支粮一斛五斗至二斛，今又是九月，户计口借粮钱三百至五百，来年四月计十二万缗。'上批：'散粮又支钱，所费既多，当此灾伤之际，极边何以供办？其罢助钱。非缘边州军，仍募阙食户运米往缘边城寨，比原籴价不亏，官即出粜，本司无见粮即计会转运使兑粜。'"
② （清）吴广成：《西夏书事》卷二十七。

近枢密院降到熙河奏邈川大首领温溪心所探事宜，言夏国今年大旱，人煞饥饿。及泾原路探到事宜，亦言夏国为天旱无苗，难点人马。①

图 2-4　古银州城遗址碑

灾情对社会影响很大，也影响到国力和军力。由于"天旱无苗"，西夏灾情严重，宋朝边将判断西夏难以点集人马作战。

### （三）西夏中期的灾情

西夏第四代皇帝崇宗乾顺和第五代皇帝仁宗仁孝先后在位各 54 年，创造了两位皇帝接连在位共 108 年的历史纪录。这一时期也是西夏社会繁荣发展的重要时期。

西夏崇宗初期，皇帝年幼，母后专权，并率兵与宋作战。从宋朝文献记载双方战事情况，可以了解西夏当时的灾情。宋元祐三年（1088 年，西夏天仪治平二年）：

环庆路经略使范纯粹言："准八月七日圣旨指挥：'诸路探得夏国已大段点集兵马，今秋欲来作过，却据环庆路探报言，西界今年天旱，点集不起。观其事理，全然不同，未审贼中今岁事力果是如何，或实经凶歉，止扬言大举，以劳我堤备；或实欲入寇，却反言天旱，以款我边防。'……臣以别路关探到点集声势不小，而本路独不住分头体探，兼曾选择骁勇蕃骑往西界收捉得生口，再三体问，各称实以旱灾，人户不易，不见衙头有指挥点集。以臣愚料，借使聚兵甚密，亦不应

① （宋）李焘：《续资治通鉴长编》卷三百六十，神宗元丰八年（1085 年）冬十月丁丑条载，知庆州范纯仁言事："近枢密院降到熙河奏邈川大首领温溪心所探事宜，言夏国今年大旱，人煞饥饿。及泾原路探到事宜，亦言夏国为天旱无苗，难点人马。臣亦恐西界只似昨来陕西沿边少雨，其传多有过当，如汉诏所谓'传闻尝多失实'是也。向来未举灵武之师，诸处皆言西夏衰弱，及至永乐之围，致诸将轻敌败事，此可以为近鉴也。"

如此全无息耗。恐今岁之中，决无边事。"①

宋元祐三年八月七日，有圣旨给环庆路经略使范纯粹，提出诸路探得西夏已点集兵马，计划当年秋季对宋作战，可是据环庆路探报，西夏当年天旱，点集不起。究竟是有严重灾情，虚张声势，还是真的要入侵，假说天旱麻痹宋朝边防，要求环庆路查明。西夏是否确有灾情，成了宋朝决策的重要依据。范纯粹是名臣范仲淹的儿子，性沉毅，有干略，当时坐镇庆州，主持对西夏作战。这时他派骁勇番骑前往西夏捕捉到俘虏，后问明确实发生旱灾，不见西夏皇帝有指挥点集兵马。料西夏当年决无边事。这段关于宋朝探听西夏内部实际情况的记载，证实西夏当年确实发生了严重旱灾。

崇宗天仪治平三年（1089 年），西夏黄河以南地区大旱，这些地区如东部陕西横山地区，西部天都、马衔地区，皆是宜耕良田，因久旱不收而造成人民饥馑。②

天祐民安三年（1092 年），凉州一带大地震。此次地震记载出自有幸保存下来的一通西夏碑。原来崇宗天祐民安四年（1093 年），由皇帝、皇太后发愿，动用了大量人力、物力和财力，重修凉州感通塔及寺庙。第二年完工后立碑赞庆。这一年正是乾顺诞生十周年。兴办这样一场盛大的佛事活动，也许是为了给十周岁的皇帝祈福。这通碑就是著名的重修护国寺感通塔碑，是西夏时期留存至今的重要的佛教石刻。此碑原被砌封于甘肃武威城内北隅清应寺碑亭中，久已不闻于世。直至清嘉庆九年（1804 年），著名学者张澍才启拆封砖，发现此碑，并第一个识别出碑文除汉文外还有西夏文字。③ 此碑碑文有两面，一面西夏文，一面汉文，两种文字内容大体相同，都是叙述建立和修整感通塔的情况，只是在叙述详略和描绘的色彩上有所不同。碑文汉文部分记载凉州感通塔：

---

① （宋）李焘：《续资治通鉴长编》卷四百十三，哲宗元祐三年（1088 年）八月乙酉条。
② （清）吴广成：《西夏书事》卷二十八。
③ 张澍：《养素堂文集》卷十九，清道光十七年刊本。

兹塔之建，迄今八百二十余年矣。大夏开国，奄有西土，凉为辅郡，亦有百载。塔之感应，不可殚纪。……前年冬，凉州地大震，因又欹仄，守臣露章，具列厥事。诏命营治，鸠工未集，还复自正。①

可见西夏崇宗时期因大地震，凉州塔发生倾斜。在碑文的西夏文部分也描述了这次地震，西夏文原文为"𗏁𗏇𗖵𗟚𗓁𗆦𗜓𗿦𗷛𗤁……"译文为："去年已有大地震，木毁柱折……"西夏文中对应地震的二字为"地动"。《番汉合时掌中珠》中有"地动"一词，也应是指自然灾害地震而言。因此立碑时间为天祐民安五年（1094年），汉文碑铭记载地震时间为"前年冬"，当为天祐民安三年。此碑有关当年地震的记载，是此次地震的唯一记录，也是当时西夏政府的官方记载，被列入中国地震史资料。该碑已被列为全国重点文物保护单位，今存武威市博物馆（见图2-5、图2-6）。②

天祐民安八年（1097年），国中大困，民众饥馑，甚至将子女卖到辽国、西蕃换取食物。③ 西夏法典《天盛律令》规定，除身份低下的使军、奴仆外，其他人是不能被买卖的，包括家人在内。《天盛律令》具体规定：

节下人略卖其节上人中亲祖父母、父母者，其罪状另明以外，略卖丧服以内节上亲者，一律造意当绞杀，从犯徒十二年。

节上亲略卖节下亲时：

一等略卖当服丧三个月者，造意徒十二年，从犯徒十年。

一等略卖当服丧五个月者，造意徒十年，从犯徒八年。

一等略卖当服丧九个月者，造意徒八年，从犯徒六年。

一等略卖当服丧一年者，造意徒六年，从犯徒五年。

---

① 史金波：《西夏佛教史略》，见附录重修护国寺感通塔碑碑铭，第242、251页。

② 该碑现藏于甘肃省武威市博物馆，碑高260厘米，宽100厘米，碑首呈半圆形，两面正中用汉文和西夏文篆额，边侧刻对称的伎乐舞女，碑阳刻西夏文28行，碑阴刻汉文26行。汉文录文和西夏文译文见史金波《西夏佛教史略》附录，第243、248页。立碑时间为天祐民安五年，汉文碑铭记载地震时间为"前年冬"，当为天祐民安三年。但西夏文碑铭记载地震时间为"去年"，当为天祐民安四年。今依汉文记载。图版见史金波、白滨、吴峰云编《西夏文物》，图102~图104，第297~298页。

③ （清）吴广成：《西夏书事》卷三十。

一等略卖当服丧三年者，造意徒五年，从犯徒四年。

前述节上人略卖节下亲者，若所卖者乐从，则略卖人比前罪依次当各减一等。①

图 2-5　重修护国寺感通塔碑　　　　图 2-6　凉州感通塔碑汉文部分
　　　　西夏文、汉文拓片　　　　　　　　　关于凉州地震的记载

所谓"节下人"即近亲当中的晚辈，"节上人"即长辈。西夏法典明文规定，晚辈卖长辈处罚很重，要处以死刑；长辈卖晚辈处罚略轻，也要判期限不等的徒刑。西夏灾荒饥馑时，一方面可能慑于法律不敢将子女卖与本国人，另一方面，更因灾荒时节本国人无力买卖，只能卖与临近的王朝如上述辽国、西蕃，以渡灾荒。

又过三年，至崇宗贞观十年（1110 年），西夏瓜、沙、肃三州大旱，自三月至九月无雨，"水草乏绝，赤地数百里，牛羊无所食，蕃民流亡者甚众"。瓜州、沙州、肃州地处西夏西北部，河西走廊的北段，这里有农有牧。长期无雨，既伤农业，也损牧业，"水草乏绝""牛羊无所食"，对牧业影响甚大，

---

①　史金波、聂鸿音、白滨译注《天盛改旧新定律令》第六"节上下对他人等互卖门"，第258 页。

而番民从事牧业者众，牛羊死亡，损失惨重，民众只能流亡他乡。

据前述，贞观十一年（1111 年）"大风雨，河水暴涨。汉源渠溢，陷长堤入城，坏军营五所、仓库民舍千余区"，西夏首都兴庆府一带受灾严重（见图 2-7）。

图 2-7　现在的汉源渠

接连两年，西夏在瓜、沙、肃州一带和兴、灵一带，一西一东，一旱一涝，遭受严重灾害，损失不小。

史载西夏正德二年（1128 年）春正月，岁饥，[1] 并未指出因何造成饥馑，也未说明饥馑地区，大约是上一年遭受灾害，农业减产所致。

西夏仁宗继位后第三年便遇到重大灾害。大庆三年（1142 年），因连年自然灾害，饥荒严重，诸部无食，民间每升米卖到 100 钱。[2]

国家图书馆藏黑水城出土文献封皮的衬纸中发现有一纸西夏文卖粮账 010 号（7.04X-1）[3]，记有售粮日期、人名、粮食品种、价钱。各行多不完整，有的缺粮数，有的缺价钱：

---

① （清）吴广成：《西夏书事》卷三十四。

② （清）吴广成：《西夏书事》卷三十五。

③ 国家图书馆藏有黑水城出土、来自俄罗斯的 21 卷西夏文佛经。在整理、修复过程中，于一些文献的封面和封底以及背面裱糊的纸张中发现了一些新的文献残页，共有 170 多纸，其中有很多属于西夏时期的社会文书，如卖粮账、贷粮账、税账、户籍、人口簿、贷钱账、契约、军抄人员装备文书、审案记录、告牒文书等。010 号为国家图书馆在西夏文文献中发现的所有残页的顺序号，7.04X-1 为连同所在文献的编号。

五月十六日郝氏□□麦糜四斗……

　　　　八月八日一贯二百来

五月十日祁氏舅舅安糜五斗……

五月十一日西普小狗那糜四斗……

六月四日张氏犬乐一贯借九……

五月十六日贾鸟鸠麦二斗价四（百）……

　　　　播杯般若宝　　麦斗价……

五月十六播杯般若宝麦三斗价……

五月十一□□小狗七斗糜价一贯……

　　　　五百来　又五百来

五月十一张经乐、经斗麦糜一石……

八月八日……

八月……

　　其中第 6 行、第 9 行的粮、价大体保留。可推断出当时当地麦价每斗最低 200 钱，最高不超过 250 钱，每升麦价 20~25 钱。每斗糜价格为 100 多钱至 200 多钱，每石为 1 缗多至 2 缗。推断每斗糜价为 150~200 钱，每升 15~20 钱。[①] 此件虽残损，但它提供了西夏社会最重要的商品价格，即西夏黑水城细粮和杂粮的粮价（见图 2-8）。

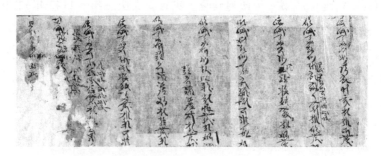

图 2-8　国家图书馆藏 010 号（7.04X-1）西夏文卖粮账

① 史金波：《国家图书馆藏西夏文社会文书残页考》，《文献》2004 年第 2 期。

又黑水城出土的社会文书中有一西夏文 Инв. No. 2042-2 钱粮账残页，其中有"五斗穈一贯……"的记载。① 穈属杂粮。此件文书也证明黑水城地区的杂粮每斗价格在 200 钱左右（见图 2-9）。

图 2-9　黑水城出土西夏文 Инв. No. 2042-2 钱粮账

西夏因灾荒每升米达到 100 钱，比平时涨四五倍，其乏粮情况十分严重，百姓的饥馑程度不难想见。

大庆四年（1143 年）三月，西夏发生大地震，"有声如雷，逾月不止，坏官私庐舍、城壁，人畜死者万数"。"四月，夏州地裂泉涌。出黑沙，阜高数丈，广若长堤，林木皆没，陷民居数千。"②

此次地震未载明发生的具体地点，三月地震后，四月夏州地裂泉涌，是否为余震不得而知。从其灾情来看，又是地裂，又是出黑沙，还陷没林木、民居，看来又是一次较强的、破坏性很大的地震。

西夏天盛七年（1155 年）五月初一，发生日食，第二天"大风雨，雷电震坏宫殿鸱尾"。③ 鸱尾又称鸱吻，是高大建筑物上的一种装饰性构件。鸱吻装饰在金碧辉煌的大殿或门楼的正脊两端，给整个建筑物增添威严肃穆、富丽堂皇的色彩。鸱吻也容易遭到大风雷雨的损坏。比如唐高宗咸亨

---

① 西夏文 Инв. No. 2042-2 钱粮账，出土于内蒙古自治区额济纳旗黑水城遗址，今藏俄罗斯科学院东方文献研究所手稿部，残页，高 10.8 厘米，宽 30.5 厘米，西夏文草书 11 行，中有汉字。见俄罗斯科学院东方研究所圣彼得堡分所、中国社会科学院民族研究所、上海古籍出版社编《俄藏黑水城文献》第 13 册，第 17 页；史金波《西夏的物价、买卖税和货币借贷》，朱瑞熙等主编《宋史研究论文集》，上海人民出版社，2008。

② （清）吴广成：《西夏书事》卷三十五。

③ （清）吴广成：《西夏书事》卷三十六。

四年（673 年）"大风毁太庙鸱吻"，唐玄宗开元十四年（726 年）"大风拔木发屋，毁端门鸱吻，都城门等及寺观鸱吻落者殆半"，十五年"雷震兴教门楼两鸱吻"，代宗大历十年（775 年）"大雨雹，暴风拔树，飘屋瓦，落鸱吻"，穆宗长庆二年（822 年）"大风震电，坠太庙鸱吻"，文宗大和九年（835 年）"大风，含元殿四鸱吻并坐落"。① 宋淳熙十六年（1189 年）"大雷震太室斋殿东鸱吻"，嘉定五年（1212 年）"雷雨震太室之鸱吻"，嘉定四年"火及和宁门鸱吻"，时"属太庙鸱吻为雷雨坏"。② 金朝皇统九年（1149 年）"四月壬申夜，大风雨，雷电震寝殿鸱尾坏"。③ 西夏中兴府的皇室宫殿以及帝陵中的殿堂建筑也装饰鸱吻。

西夏陵园出土多件鸱吻，十分引人注目。其中的陶质琉璃鸱吻，通高152 厘米，底阔 58 厘米，面宽 32 厘米，绿色釉，釉面光润闪亮，龙头鱼尾造型，头部有鳍，身有鳞纹，头尾分别烧制，色彩光亮，显现出威猛的形态。④ 这件西夏大型鸱吻，是中国中世纪鸱吻的代表作。此外，西夏陵园还发现有灰陶鸱吻和灰陶屋脊兽，未上釉彩，大概是较低一级建筑物的构件（见图 2-10、图 2-11）。

图 2-10　西夏陵园出土灰陶鸱吻　　图 2-11　西夏陵园出土琉璃鸱吻

---

① 《旧唐书》卷五《高宗纪下》、卷八《玄宗纪》、卷十一《代宗纪》、卷十六《穆宗纪》、卷十七下《文宗纪下》、卷三十七《五行志》。
② 《宋史》卷六十二《五行志一下》、卷六十三《五行志二上》。
③ 《金史》卷二十三《五行志四》。
④ 史金波、白滨、吴峰云编《西夏文物》，图 308，第 320 页。

上述"大风雨，雷电震坏宫殿鸱尾"之事，应是发生在西夏首都兴庆府。一方面可以推测，西夏宫殿建筑高耸，易被雷电击中，另一方面可知风雨雷电交加，形成严重灾害。

乾祐七年（1176 年），旱灾与蝗灾同时肆虐。"秋七月，旱。蝗大起，河西诸州食稼殆尽。"① 西夏此次蝗灾伴有旱灾，其后果也十分严重，"河西诸州食稼殆尽"，一是受灾面积大，二是灾情惨重。

**（四）西夏晚期的灾情**

西夏晚期五位皇帝相继在位，但仅有 34 年。西夏政权不固，国力下滑，国运衰微，蒙古军队不断入侵。西夏第六代皇帝桓宗时无灾害记载。第七代皇帝襄宗应天四年（1209 年）七月，蒙古大军破中兴府外围克夷门，后进围中兴府。《元史》载：

> （帝）薄中兴府，引河水灌之，堤决，水外溃，遂撤围还。遣太傅讹答入中兴，招谕夏主，夏主纳女请和。②

两军交战，蒙古人利用大雨河水暴涨之机，使河水灌注中兴府城，无辜居民溺死无数，天灾酿成人祸。文献又载：十二月，河堤决口。最后"河水久灌，城址将圮"。外堤也决，"水势四溃"，蒙古兵也不能支，遂解围退兵。③

看来，蒙古军队引河水灌中兴府不仅使百姓遭殃，城址被破坏，城外的蒙古兵也身受其害，不得不撤军，可见当时中兴府一带黄河决堤的严重情况。

在西夏第八代皇帝神宗统治末年，光定十三年（1223 年）发生旱灾。首府兴州、灵州自春无雨，至于五月，"三麦不登，饥民相食"，可见灾害

---

① （清）吴广成：《西夏书事》卷三十八。
② 《元史》卷一《太祖纪》，中华书局点校本，1976。（清）吴广成《西夏书事》卷四十载："围中兴府。九月，引河水以灌城。蒙古主引兵薄中兴府，安全亲督将士登城守御，蒙古兵不能破。会大雨，河水暴涨，蒙古主遣将筑防，遏水灌城，居民溺死无算。"
③ （清）吴广成：《西夏书事》卷四十。

重大。① 三麦一般指小麦、大麦、元麦。元麦实际上是大麦的一种，又称裸麦，即青稞。西夏的粮食作物中有这三种麦。西夏粮食种类较多，而其中的小麦和大麦都是西夏粮食的主要品类。

在黑水城出土的耕地缴纳租税的籍账中，有不少即明确记载缴纳大麦和小麦两种税粮。如黑水城出土文书中 Инв. No.4808 里溜租粮计账与户租粮账，系一长卷，第一、二段多是纳粮统计账，第三、四段全是诸户纳粮账（见图 2-12）。② 以下是前 5 户纳粮账的译文：

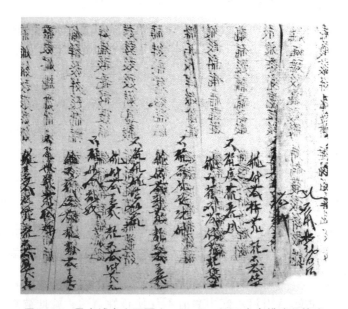

图 2-12　黑水城出土西夏文 Инв. No.4808 农户耕地租粮账

　一户罗般若乐

　　　大麦一石一斗五升　　　麦二斗（八升七合半）③

---

①　《金史》卷一百三十四《西夏传》；（清）吴广成：《西夏书事》卷四十一。
②　西夏文 Инв. No.4808 里溜租粮计账与户租粮账，出土于内蒙古自治区额济纳旗黑水城遗址，今藏俄罗斯科学院东方文献研究所手稿部，残卷，高 20.4 厘米，宽 575 厘米。西夏文草书 259 行，有签署、画押。见俄罗斯科学院东方研究所圣彼得堡分所、中国社会科学院民族研究所、上海古籍出版社编《俄藏黑水城文献》第 13 册，第 291~298 页。
③　（　）内文字原残缺，现据纳粮时大麦和麦的比例补充。

一户正首领□盛曼

　　大麦四斗三升　　麦一斗七合（半）

一户叔崀西九铁

　　大麦六斗七升　　麦一斗六升七合半

一户崀移□茂

　　大麦一斗五升　　麦三升七（合半）

一户麻则金□吉

　　大麦六斗七升　　麦一斗八升七（合半）

　　从这 5 户来看，他们缴纳的是大麦和小麦，是实物租税，也称产品租税。在这一段 20 多户中都是缴纳这两种粮食。通过上述文书可知，黑水城地区缴纳大麦和小麦。也有的黑水城文书中有缴纳大麦、小麦和糜三种粮食的记载。[1] 西夏兴州、灵州地区是主要产粮区，当地"三麦不登"，灾情严重，致使饥民相食，对西夏影响巨大。

　　乾定元年（1224 年）春正月，史载草木皆流血，这可能是一种天灾影响到草木使其变色。乾定三年（1226 年），"河西旱。诸州草木旱黄，民无所食"。宝义元年（1227 年）也即西夏灭亡的当年，西夏都城被困，又发生大地震，宫室多被震坏。[2]

　　西夏晚期，蒙古不断进攻，城池土地丧失，加上连年发生灾害，旱灾、地震造成很大损失，其社会混乱，民不聊生。

　　西夏时期的自然灾害接连不断，以上只是较大的灾害。西夏的灾害一般受灾面积大，反映出西夏自然条件恶劣。

　　西夏之地原为宋朝领土。西夏分立后，东部、南部与宋朝毗连。有时史书记载了宋朝的自然灾害，其受灾的地点与西夏相邻，特别是对与西夏临近的陕西灾害的记载，对了解西夏的灾情具有重要参考价值。

　　宋庆历三年（1043 年），西夏南部可能仍有大旱灾。当时宋臣范仲淹、韩琦上奏：

---

① 史金波：《西夏农业租税考——西夏文农业租税文书译释》，《历史研究》2005 年第 1 期。

② （清）吴广成：《西夏书事》卷四十二。

陕西永兴军、同耀华州、陕府等处，今夏灾旱，得雨最晚。民间
秋稼，甚无所望。①

此奏折所谓陕西永兴军、同州、耀州、华州、陕府（即西安）等处，在西
夏南邻，永兴军紧靠西夏的盐州、宥州、夏州、石州、银州，大概这些地
方也有旱灾发生。

宋庆历六年（1046 年）五月，御史中丞张方平上奏："陕西夏旱，二麦
不收，近虽有得雨处，秋田亦未必可望。"② 大约临近宋朝的西夏东南部也
有旱灾。

宋元丰元年（1078 年）十一月，神宗下诏："闻京西、河北、陕西诸路
自冬无雪，并边山田麦苗已旱，令转运司访名山灵祠，委长吏祈祷。"③ 此
次旱灾又有陕西诸路，并且"边山田麦苗已旱"，可能西夏南部地区也有
旱灾。

宋重和元年即西夏雍宁五年（1118 年）春二月，宋、夏交界的熙河、泾
原、环庆一带同日地震，民心慌乱。④ 熙河、泾原、环庆邻接西夏的东南部边
界，与西夏境内的卓罗、韦州、宥州一带毗邻，山水相连，西夏也应有震灾。

以上有文献可稽的西夏自然灾害有 30 多起。

此外，有的文献未明确记载灾害的具体时间，但可看出灾害的大致时
间和范围。如甘州有西夏时期所立黑水建桥碑，系仁宗乾祐七年（1176 年）

---

① （宋）李焘：《续资治通鉴长编》卷一百四十二，仁宗庆历三年（1043 年）七月辛未条载
范仲淹、韩琦言："臣等窃见陕西永兴军、同耀华州、陕府等处，今夏灾旱，得雨最晚。
民间秋稼，甚无所望。官中仓廪，亦无积贮。若不作擘画，即百姓大段流移，殍亡者众。
兼军食阙绝，临时转漕不及。"

② （宋）李焘：《续资治通鉴长编》卷一百五十八，仁宗庆历六年（1046 年）五月丁未条载
御史中丞张方平言："臣伏闻陕西夏旱，二麦不收，近虽有得雨处，秋田亦未必可望。民
已艰食，颇有流移，边警虽宁，兵戎尚众，因之饥馑，事实可忧，刍粮委输，最为切务。
朝廷虽怀柔夏寇，本为休兵息民，若其役费不纾，必见物力日困，经久之计，殆无以支。"

③ （宋）李焘：《续资治通鉴长编》卷三百六十，神宗元丰八年（1085 年）冬十月丁丑条载：
"近枢密院降到熙河奏邈川大首领温溪心所探事宜，言夏国今年大旱，人煞饥饿。及泾原
路探到事宜，亦言夏国为天旱无苗，难点人马。臣亦恐西界只似昨来陕西沿边少雨，其传
多有过当，如汉诏所谓'传闻尝多失实'是也。向来未举灵武之师，诸处皆言西夏衰弱，
及至永乐之围，致诸将轻敌败事，此可以为近鉴也。"

④ （清）吴广成：《西夏书事》卷三十三。

立，碑文为仁宗御制，碑两面有汉文和藏文两种文字，内容大体相同（见图 2-13、图 2-14）。其汉文碑铭记载：

> 昔贤觉圣光菩萨哀悯此河年年暴涨，飘荡人畜，故以大慈悲，兴建此桥，普令一切往返有情咸免徒涉之患，皆沾安济之福。……朕昔已曾亲临此桥，嘉美贤觉兴造之功，仍螯虔悫，躬祭汝诸神等。①

图 2-13　甘州黑水建桥碑

图 2-14　甘州黑水建桥碑汉文碑铭拓本

由此可知在一段时间里，黑水河"年年暴涨，飘荡人畜"，水患不浅。碑文中的贤觉圣光菩萨即西夏的贤觉帝师，他兴建黑水桥，以免徒涉之患。

有时在战争中利用自然条件，以决堤淹没敌人，给百姓造成严重灾难。这种人为灾害在西夏也时有发生。如宋景佑二年（1035 年）十一月，元昊出兵攻吐蕃唃厮啰，出兵宗哥（今青海省西宁市东北）、带星岭（今青海省

---

① 黑水建桥碑，西夏仁宗乾祐七年（1176 年）立于甘州黑水河桥，碑高 115 厘米，宽 70 厘米，一面刻汉文楷书 13 行，一面刻藏文 21 列。见史金波、白滨、吴峰云编《西夏文物》，图 105~图 107，第 298 页；史金波《西夏佛教史略》，第 19~20 页。

西宁市西北）诸城，进围青唐城。唃厮罗遣部将安子罗以兵十万绝其后，时元昊粮匮，士卒饥死者众，至宗哥河半渡，安子罗潜使人决水淹之，继迁死伤不少，大溃而还。①

以下列西夏自然灾害统计简表（见表 2-1），以概括西夏灾情。

表 2-1　西夏自然灾害统计

| 年代 | 灾害地区范围 | 灾害类别 |
|---|---|---|
| 宋至道二年（996 年） | 无定河、夏州 | 旱灾、地震 |
| 宋咸平五年（1002 年） | 灵州、夏州 | 旱灾、水灾 |
| 宋咸平六年（1003 年） | 银、夏、宥州 | 饥 |
| 宋大中祥符元年（1008 年） | 绥、银、夏州 | 旱灾 |
| 宋大中祥符三年（1010 年） | 绥、银、灵、夏州 | 旱灾 |
| 天授礼法延祚五年（1042 年） |  | 旱灾、黄鼠灾 |
| 天授礼法延祚六年（1043 年） | 西夏南部 | 旱 |
| 天授礼法延祚九年（1046 年） | 西夏南部 | 旱 |
| 奲都五年（1061 年） | 灵州、夏州 | 水灾 |
| 天赐礼盛国庆五年（1073 年） |  | 旱灾 |
| 大安五年（1078 年） | 西夏南部 | 旱灾 |
| 大安十一年（1084 年） | 银州、夏州 | 旱灾 |
| 天仪治平二年（1088 年） |  | 旱灾 |
| 天仪治平三年（1089 年） | 黄河以南地区 | 旱灾 |
| 天祐民安三年（1092 年） | 凉州一带 | 地震 |
| 天祐民安八年（1097 年） |  | 饥馑 |
| 贞观十年（1110 年） | 瓜、沙、肃三州 | 旱灾 |
| 贞观十一年（1111 年） | 兴州 | 水灾 |
| 雍宁五年（1118 年） | 西夏南部 | 地震 |
| 正德二年（1128 年） |  | 岁饥 |
| 大庆三年（1142 年） |  | 岁饥 |

---

① （清）吴广成：《西夏书事》卷十一。

| 年代 | 灾害地区范围 | 灾害类别 |
|---|---|---|
| 大庆四年（1143年） | 兴州、夏州 | 地震 |
| 天盛七年（1155年） | 兴州 | 大风雨 |
| 乾祐七年（1176年） | 河西 | 旱灾、蝗灾 |
| 应天四年（1209年） | 兴州 | 水灾 |
| 光定十三年（1223年） | 兴州、灵州 | 旱灾 |
| 乾定元年（1224年） |  | 草木流血 |
| 乾定三年（1226年） | 河西 | 旱灾 |
| 宝义元年（1227年） | 兴州 | 地震 |

# 第二节 主要灾害及其时空分布

自然灾害在不同的年份或同一年份的不同季节发生的频次，在不同区域表现出来的灾害强度和灾害空间组合状况，是梳理和研究历史上自然灾害的一个重要内容。

## 一 旱灾及其时空分布

西夏的旱灾分布地域广，涵盖西夏大部分地区。西夏旱灾分布时间长，从西夏建国前直到灭亡前夕不断有旱灾发生。

从空间分布来看，宋咸平五年（1002年）的旱灾发生在东部夏州一带，宋大中祥符元年（1008年）范围更大，在绥、银、夏三州，也是东部地区。宋大中祥符三年（1010年），西夏境内歉旱，未明受灾具体地区。夏州地区本是宜农宜牧地区，随着沙漠的扩展东移，渐渐成为沙化严重地区。这里早在唐朝时已经成为诗人描绘边远沙漠的对象，唐朝武威诗人李益作《登夏州城观送行人赋得六州胡儿歌》记载了当时满目风沙的情景：

六州胡儿六蕃语，十岁骑羊逐沙鼠。

沙头牧马孤雁飞，汉军游骑貂锦衣。

云中征戍三千里，今日征行何岁归。

无定河边数株柳，共送行人一杯酒。

胡儿起作和蕃歌，齐唱呜呜尽垂手。

心知旧国西州远，西向胡天望乡久。

回头忽作异方声，一声回尽征人首。

蕃音庲曲一难分，似说边情向塞云。

故国关山无限路，风沙满眼堪断魂。

不见天边青作冢，古来愁杀汉昭君。①

其中"六州胡儿六蕃语"记载了当地多民族、多语种的民族构成，"沙头牧马孤雁飞""风沙满眼堪断魂"，则反映了当地沙漠化的自然条件。另一诗人许棠作《夏州道中》，看到的是"茫茫沙漠广，渐远赫连城""不耐饥寒迫，终谁至此行"。他路过距夏州不远的银州时吟道："雕依孤堠立，鸥向迥沙沉。"② 宋初太宗时，即将此城隳废：

上以夏州深在沙漠，本奸雄窃据之地，欲隳其城，迁民于银、绥间，因问宰相夏州建置之始。吕蒙正对曰："昔赫连勃勃，后魏道武末，僭称大夏天王。自云徽赫与天连，又号其支庶为'铁伐氏'，云刚锐如铁，可以伐人。蒸土筑城，号曰'统万'，言其统领众多也。自赫连筑城以来，颇与关右为患，若遂废毁，万世之利也。"乙酉，诏隳夏州故城，迁其民于绥、银等州，分官地给之，长吏倍加安抚。③

可见此地早已成为死城，毁废荒芜已久。

西夏建国后四年，天授礼法延祚五年（1042 年）发生旱灾，但史书未

---

① （唐）李益：《登夏州城观送行人赋得六州胡儿歌》，《全唐诗》卷二百八十二，清康熙四十四年（1705 年）刻本。

② （唐）许棠：《夏州道中》《银州北书事》，《全唐诗》卷六百三。

③ （宋）李焘：《续资治通鉴长编》卷三十五，太宗淳化五年（994 年）四月甲申条。

记具体方位。惠宗天赐礼盛国庆五年（1073 年）和大安十一年（1084 年）两次大旱，也未记旱情发生地，但据史书记载皆为"大旱"，可知灾害面积大，灾害程度深。崇宗天仪治平三年（1089 年）的大旱灾发生在西夏黄河以南地区，而贞观十年（1110 年）的长期旱灾则发生在西北部的河西走廊西端的瓜州、沙州、肃州。仁宗乾祐七年（1176 年）秋旱，未知地望。西夏晚期两次大旱，一次在神宗光定十三年（1223 年）中兴府和灵州一带，一次在献宗乾定三年（1226 年）河西一带。

以上旱灾地区多在西夏两翼，而在黄河后套地区以及凉州、甘州地区皆未见发生旱灾的记载，可能与这些地区有良好的灌溉条件有关。兴州、灵州一带水利条件好，但也偶尔会发生大的旱情。北部的黑水城地区，也未见有关旱情的记载。这一地区地处沙漠、戈壁之间，天旱少雨，但它有黑水灌溉之利，是沙漠中的绿洲，农牧业可以减轻旱情。此地在西夏境内并非农业重地，少受关注，记载稀少。

从时间来看，西夏建国前的两次灾害从宋咸平五年（1002 年）至大中祥符元年（1008 年），相隔 6 年。建国后第一、三、四、五、八、九代皇帝时都发生旱灾，有的相隔时间较长，如自景宗天授礼法延祚五年（1042 年）至惠宗天赐礼盛国庆五年（1073 年），两次旱灾中间相隔 31 年；仁宗乾祐七年（1176 年）与神宗光定十三年（1223 年）相隔 47 年；崇宗贞观十年（1110 年）至仁宗乾祐七年（1176 年）相隔 66 年。有的相隔较短，如惠宗大安十一年（1084 年）至崇宗天仪治平三年（1089 年）相隔 5 年；神宗光定十三年（1223 年）至献宗乾定三年（1226 年）相隔 3 年。

总体分析西夏旱灾，11 世纪末至 12 世纪初，从惠宗大安十一年（1084 年）至崇宗贞观十年（1110 年）的 26 年间发生 4 次旱灾，是西夏旱灾的多发时期。自仁宗乾祐七年（1176 年）至神宗光定十三年（1223 年）半个世纪无旱灾记载。

## 二　水灾及其时空分布

水灾主要是连续大雨所致，特别是连绵大雨引发河水暴涨泛滥成灾，其造成的损失更大。西夏中心地区中兴府、大都督府一带处于黄河流域上游的下段。黄河从河源出发，穿越青藏高原，流经峡谷，山高坡陡，落差大，蕴藏着丰富的水力资源。水多沙少、河水较清、流量均匀是该河段的水文特征。黄河流出青铜峡之后，进入宁夏平原和内蒙古河套平原。这里自古即有利用黄河河水灌溉的传统，水渠纵横交错，成为黄河上游最早的农业开发区之一。黄河水源主要来自高山冰雪融水；夏季水量较大，冬季水量小，河流冬季结冰，初冬、初春季节宁夏段有凌汛。整个西夏地区多干旱，少雨水，所以水灾相对较少。史书对西夏的水灾记录相对旱灾而言也较为稀少。

西夏建国前有一次大的水灾。宋咸平五年（1002 年），夏州一带自上年八月天旱无雨，至是年七月，干旱益甚。李继迁下令组织民众筑堤防，拟引河水灌田。不料八月天降大雨，河水暴涨，冲垮河防，造成水灾。①

夏毅宗奲都五年（1061 年）六月，灵州、夏州大水。"庐舍、居民漂没甚众"。②

又过了 50 年，至崇宗贞观十一年（1111 年），同样是八月，西夏又遭受水灾。

西夏的西北部地区，在甘州、黑水城一带属于内陆河黑水流域。黑水，现称黑河，是中国最大的内陆河，位于河西走廊中部，发源于祁连山南部山区。黑河从莺落峡进入河西走廊，于张掖市城西北 10 公里附近，纳山丹河、洪水河，流向西北，经临泽、高台汇梨园河、摆浪河穿越正义峡（北山），进入阿拉善平原。莺落峡至正义峡流程 185 公里，为黑河干流的中游。黑河流经正义峡谷后，在甘肃金塔县境内的鼎新与北大河汇合，至内蒙古自治区额济纳旗境内的狼心山西麓，又分为东西两河，东河（达西敖包河）向北分八个支流（纳林河、保都格河、昂茨河等）呈扇形注入东居延海（苏泊淖尔）；西河（穆林河）向北分五条支流（龚子河、科立杜河、马蹄格格河等）注入西居延海（嘎顺淖尔）。

黑水从发源地到居延海全长 821 公里，流域面积约 14.29 万平方公里，

---

① （宋）李焘：《续资治通鉴长编》卷五十四，真宗咸平六年（1003 年）五月壬子条；（清）吴广成：《西夏书事》卷七。
② （清）吴广成：《西夏书事》卷二十。

北与蒙古国接壤，东与武威盆地相连，西与疏勒河流域毗邻。黑水流域位于欧亚大陆中部，远离海洋，周围高山环绕，流域气候主要受中高纬度的西风带环流控制和极地冷气团影响，气候干燥，降水稀少而集中，多刮大风，日照充足，太阳辐射强烈，昼夜温差大。根据干燥度，该地区现可分为中游河西走廊温带干旱亚区及下游阿拉善荒漠干旱亚区和额济纳荒漠极端干旱亚区。黑水在干旱地区可谓水利宝藏，西夏时期从中游到下游皆有灌溉之利。中游甘州一带还经常发生水灾。前述西夏时期所立黑水建桥碑记载，西夏仁宗乾祐年间黑水河"年年暴涨，飘荡人畜"，可知这条内陆河也不断发生水灾。

### 三　虫灾、鼠灾及其时空分布

史书记载的西夏虫灾只有一次，即仁宗乾祐七年（1176 年）的蝗灾，发生在西夏西部的河西诸州。当年有大旱灾。蝗灾是蝗虫引起的灾变。一旦发生蝗灾，大量的蝗虫会吞食禾田，使农作物完全遭到破坏，粮食歉收，造成严重的经济损失以致发生饥荒。

西夏在建国初年景宗天授礼法延祚四年（1041 年）七月发生过一次大的鼠患，"有黄鼠数万，食稼且尽"，但未提及灾害的具体地点。黄鼠属啮齿目，松鼠科。别名草原黄鼠、禾鼠等。分布在中国北方。主要啮噬谷子、沙蒿、沙葱、牧草及一些植物的浆果、种子，有时也食鞘翅目昆虫的幼虫，常使作物的管心被成片抽掉，秋季食灌浆乳熟期的种子，使禾苗大量死亡。其在古代即多危害山西、陕西和沙漠诸地。西夏时期，鼠灾地区也应在西夏管辖的陕西北部和鄂尔多斯一带。

### 四　地震灾害及其时空分布

中国位于世界两大地震带——环太平洋地震带与欧亚地震带的交汇部位，地震断裂带十分发育，地震频繁，震灾严重。中国有四大地震带，西夏位于地震强度最强、频度最高的青藏高原地震区和西北地震区，有两大地震带，一是祁连山、贺兰山—六盘山地震带，二是银川—河套地震带。这就造成了西夏地震多发和强烈的特点。

西夏有记载的地震有 5 次，西夏建国以前 1 次，西夏建国以后 4 次。这 4 次地震有 3 次皆发生在西夏中期的 50 多年中，分别是崇宗天祐民安四年（1093 年）、雍宁四年（1117 年）和仁宗大庆四年（1143 年），大庆四年从三月到四月连续地震。最后一次发生在 13 世纪初，即西夏灭亡的当年末帝宝义元年（1227 年）。

在 5 次地震中东部夏州 2 次，西部凉州 1 次，与宋朝交界的六盘山一带 1 次，首都中兴府 1 次。显然，这些地震皆在青藏高原地震区祁连山、贺兰山—六盘山地震带和西北地震区银川—河套地震带上。

## 五 雷电灾害和火灾及其时空分布

西夏时期只有一次有关雷电灾害的记载，时在仁宗天盛七年（1155 年）夏五月朔日的次日，应是五月初二，雷电震坏了宫殿鸱尾。西夏宫殿所在地望应是首都中兴府。

火灾有两种，非人为因素造成的属自然灾害，由人为因素造成的是人为灾害。西夏自然火灾，缺乏记载。西夏的火灾往往是在战争中人为纵火，或焚烧敌军，或焚烧对方城池，酿成灾难。

西夏党项族有喜复仇之风俗，若复仇力量不够，便以妇女焚烧对方房舍：

> 其力微不能复者，则集邻族妇女，烹牛羊，具酒食，介而趋仇家，纵火焚其庐舍。俗谓敌女兵不祥，辄避去。①

看来这种特殊的复仇习俗会给对方造成很大损失。

宋太平兴国八年（983 年），宋朝以银、夏、绥、宥都巡检使田钦祚与西上阁门副使袁继忠率兵巡护、控扼夏州。他们募劲卒五十人，乘夜纵火攻击党项族首领李继迁。李继迁遭此火攻袭击，不及防备，营栅悉毁，军士死者千余人。②

---

① 《辽史》卷一百一十五《西夏传》；（清）吴广成：《西夏书事》卷二。
② 《宋史》卷二百七十二《荆嗣传》。

宋雍熙二年（985年）三月，李继迁攻占银州后，乘胜攻打会州（今属甘肃省靖远县一带），"直抵城下，纵火焚毁城郭，吏民死者千计，会州由是沦陷"。李继迁取之而不能守，火毁其城，以绝宋朝驻兵之所。①

宋熙宁十年（西夏大安四年，1077年）夏五月，西夏大将梁兀乙执环、庆诱降人且乌，宋将孙贵等索要且乌，纵火焚新和市。这是宋军的又一次纵火，但未提及火灾造成的具体损失情况。②

宋元丰七年（西夏大安十一年，1084年）九月，西夏惠宗遣兵入宋熙河界，围定西城（今甘肃省定西市），烧毁龛谷族帐。龛谷（今属甘肃省榆中县）是宋朝一个堡寨。"族帐"为当时少数民族所居，此处可能是宋朝管辖下的吐蕃族帐。同年十月，西夏监军仁多㕟丁"引兵十万入泾原，纵火焚草积，蕃、汉民死者甚众"，这是西夏军焚烧宋军的两次事例。③

宋元祐五年（西夏天祐民安元年，1090年）六月，西夏权臣梁乙逋，"以万余骑乘大雾猝至质孤，荡平之。进攻胜如，纵火焚掠而还"。④ 这又是一次纵火。

## 六　疾病发生的时间和地点

疾病是长期伴随人类、给人类造成重大损失的灾害。早期，党项族对疾病的认识有限，认为疾病是神鬼所致，所以不用医药。自北迁后，他们逐渐接触中原王朝的医学、医药知识，对疾病有了新的了解，在认识和治疗疾病上有了巨大进步。

西夏地处干旱的北方，不似南方一些地区多瘴气。过去认为瘴气是山林恶浊之气，多发于潮湿的南方。但因西夏地区自然环境恶劣，生活水平低下，治疗疾病能力有限，疾病给人们带来的痛苦和损失也很严重。

西夏的疾病种类很多，但在传统历史文献中，有关西夏疫病的记载很

---

① 《宋史》卷四百八十五《夏国传上》；（清）吴广成：《西夏书事》卷三。
② （宋）李焘：《续资治通鉴长编》卷二百九十八，神宗元丰二年（1079年）五月己巳条；（清）吴广成：《西夏书事》卷二十四。
③ 《宋史》卷四百八十六《夏国传下》；（清）吴广成：《西夏书事》卷二十七。
④ （宋）李焘：《续资治通鉴长编》卷四百四十五，哲宗元祐五年（1090年）乙亥条；（清）吴广成：《西夏书事》卷二十八；《宋史》卷四百八十六《夏国传下》。

少。汉文文献所记多为西夏统治阶层个别人物患病的情况，并往往与当时政局相关。

夏州党项政权时期，后唐清泰二年（935年），党项族首领、定难军节度使李彝超奏自己患疾病，以其弟行军司马彝殷权知留后，彝超死后，彝殷遂代为节度使。① 这里指出了弟即兄位的原因是兄彝超患病。

西夏天授礼法延祚七年（1044年），从宋朝来投、后成为西夏重臣的中书令张元病卒。张元"官至太师、中书令。国有征伐，辄参机密"。元昊与宋议和，张元不满，与元昊争之不听，终日对天咄咄长叹，未几，疽发背死。②

西夏毅宗时，先是母后没藏氏和母舅没藏讹庞专权。奲都元年（1057年）五月，"讹庞怒（宋朝）边吏驱掠其民，潜聚兵万余于境上，待汉兵至，击之。边吏守籍约束，夏兵辄以饥疾散"。③ 西夏军队因饥饿和疾病散去。这应是一次西夏士兵患病人数较多的疫情。

西夏大安十一年（1084年）八月，惠宗母梁氏生病。十月，梁氏卒。梁氏是西夏第三代皇帝惠宗秉常之母，提倡番礼，与惠宗政见不同，曾囚禁秉常。梁氏多病，常服药治疗，但其寿命不长，推算仅40余岁。

西夏仁宗时外戚任得敬渐握朝柄，在天盛年间后期任太师、上公、总领军国重事、秦晋国王，把持朝政。但任得敬生有重病，屡治不愈。在黑水城出土的一部汉文《金刚般若波罗蜜经》经末有一篇西夏天盛十九年（1167年）任得敬的施经发愿文（见图2-15），其中说道：

予论道之暇，恒持此经，每竭诚心，笃生实信。今者灾迍伏累，疾病缠绵，日月虽多，药石无效。故陈誓愿，镂板印施。仗此胜因，冀资冥祐。倘或天年未尽，速愈沉疴；必若运数难逃，早生净土。④

① （清）吴广成：《西夏书事》卷二。
② （清）吴广成：《西夏书事》卷十七。
③ （清）吴广成：《西夏书事》卷十九。
④ 汉文《金刚般若波罗蜜经》，出土于内蒙古自治区额济纳旗黑水城遗址，今藏俄罗斯科学院东方文献研究所手稿区，刻本，经折装，66面，高20.5厘米，宽8厘米。末有20行印施发愿文。见俄罗斯科学院东方研究所圣彼得堡分所、中国社会科学院民族研究所、上海古籍出版社编《俄藏黑水城文献》第3册，TK124，第71页；史金波《西夏"秦晋国王"考论》，《宁夏社会科学》1987年第3期。

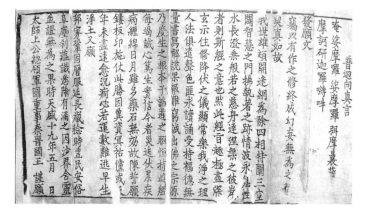

**图 2-15 秦晋国王作《金刚般若波罗蜜经》发愿文**

看来这位西夏权臣病得不轻，且医治无效，只能读经、印经，以求佛的佑护。当年十二月，仁宗遣殿前太尉芭里昌祖、枢密都承旨赵衍至金，请医治任得敬疾。金主许之。金朝派良医治病。西夏是金朝的属国，医学先进，医术高明。金帝使保全郎王师道治得敬疾，并指示说："如病势不可疗，则勿治。如可治，期一月还。"后来，在金朝医生的治疗下，任得敬痊愈。① 这是西夏重臣生病请金朝治疗的实例。

西夏桓宗天庆七年（1200 年）正月，太后罗氏生病。罗氏病头风，久不愈。桓宗遣武节大夫连都敦信等至金贺正，附奏求医。金使太医时德元、王利贞来西夏给罗太后治病，并赐药物。《金史》载：

> 承安五年，纯祐母病风求医，诏太医判官时德元及王利贞往，仍赐御药。八月，再赐医药。②

当年八月，西夏桓宗遣使至金朝表示感谢，因其母已经痊愈。③ 这是西夏皇太后生病事例。

---

① 《金史》卷一百三十四《西夏传》。
② 《金史》卷一百三十四《西夏传》。
③ 《金史》卷六十二《交聘表下》。

西夏应天四年（1209 年），蒙古军不断进攻西夏。四月，蒙古兵围城，西夏太傅西壁氏率兵巷战，被俘。翌年，西壁氏病死。西夏晚期在与蒙古军的战争中，不断折损抵抗重臣，太傅被俘虏后病死。[①]

西夏乾定三年（1226 年），蒙古兵深入，西夏城邑尽溃。献宗德旺忧悸，不知所为，发病而死。翌年，西夏兵不堪战，末帝睍出降。西夏首都中兴府"坚壁半载，城中食尽，兵民皆病"。看来城中是饥饿加疾病，失去战斗力，不得已而降。至此，西夏灭亡。

其中形成规模的疫情不多。如西夏末期乾定四年（即宝义元年，1227 年），是西夏亡国之年。当年西夏春寒，"马饥人瘦，兵不堪战"。蒙古主率众渡河，径攻积石州。在西夏地区的蒙古军士多患疫。西夏末帝李睍知道后，谋以兵袭之。而蒙古重臣耶律楚材早得西夏大黄两驼，以此医疗军士疫病，病得大黄辄愈，所将数万人皆无恙。西夏兵遂不敢出。[②]

从古至今，人类遭受了无数的瘟疫，其中有些瘟疫特别严重，对人类影响巨大，如鼠疫、天花、流感、霍乱、疟疾等。总的来说，瘟疫是由一些强烈致病性物质，如细菌、病毒引起的传染病。很多是自然灾害后，环境卫生条件差引起的。

# 第三节　灾害的特点

由于西夏历史记载的缺漏，关于西夏灾害的记录不可能完善，但将现有的资料稍作梳理，也可大致了解西夏灾害的主要特点。

## 一　灾害种类多

就全国而论，中国的自然灾害主要有气象灾害、地质灾害、海洋灾害、生物灾害等。西夏虽地处西偏，地域相对狭窄，但除远离海洋而没有海洋灾害外，几乎所有的自然灾害都发生过。

---

① （清）吴广成：《西夏书事》卷四十。
② 《元史》卷一百四十六《耶律楚材传》。

西夏处于北部干旱地区，旱灾成为其主要灾种，无论是黄土高原，还是河西走廊，都时有干旱发生，更遑论北部地区的沙漠地带。这一地区至今仍是旱灾频发的地带。

尽管西夏处于黄河上游，得黄河水利灌溉之利，但遇夏季暴雨，黄河干流及其支流如无定河等也会泛滥成灾，不止一次地造成人畜、作物的重大损失。

西夏处于中国强地震带上，西夏时期发生多起大的地震，不仅房倒屋塌，连佛塔也遭破坏。地震还引发其他地质灾害，如地陷等。这种突然的不可抗拒的自然灾害，给人们造成的损失难以弥补。

## 二　分布地域广

西夏地处西北，包括今宁夏回族自治区、甘肃省大部，陕西省北部，内蒙古自治区西部，以及青海省和新疆维吾尔自治区的部分地区。

西夏的主要灾害是旱灾，其在西夏全境都有分布，特别是位于西北段的瓜州、沙州、肃州和位于东南段的夏州、银州一带经常发生严重旱情。

西夏全境几乎全部处于中国西部地震带上。从西部的凉州到东南部的夏州一带，至宋夏边界，都不止一次地发生重大地震灾害。

西夏绝大部分地区和人口分布在气象、地质等自然灾害严重的地区。部分地区受洪涝灾害威胁，大部分地区旱灾频发，严重干旱时有发生，地震级别较高，多是破坏性地震。

## 三　发生频率高

中国虽有历代修史的传统，但对自然灾害的记录很不详尽。特别是未修西夏正史，其灾害记录更是严重缺失。但就仅有的零星记载看，西夏也有数十起较大的自然灾害，灾害的发生频率还是很高的。

中国受季风气候影响十分强烈，气象灾害频繁，局地性或区域性干旱灾害几乎每年都会发生。西夏就属于区域性旱灾频繁发生的地区。

中国位于欧亚、太平洋及印度洋三大板块交汇地带，新构造运动活跃，地震活动十分频繁，大陆地震占全球陆地破坏性地震的 1/3，是世界上大陆地震最多的国家之一。西夏处于中国的强地震带中，据不完全记载就有多起地震发生，不可谓不频繁。

## 四　造成损失重

自然灾害给西夏社会造成的损失是多方面的，后果也十分严重。

### （一）造成大量人员死亡

破坏性强的灾害会对民众的生命构成威胁，特别是洪水和地震灾害，多会造成平民死亡。如西夏奲都五年（1061年）灵州、夏州大水，"灵、夏间庐舍、居民漂没甚众"。过去对灾害损失的记载很多无具体数字，往往仅有概述。此次水灾虽未知具体死亡人数，但"甚众"二字表明死亡人数不少。

西夏大庆四年（1143年）三月，地震，"坏官私庐舍、城壁，人畜死者万数"。这次记录了死亡的大致人数。西夏人口有限，总数为数百万，死亡万数，说明死亡人数所占比例很高。

又西夏晚期应天四年（1209年），蒙古军进攻西夏中兴府，适逢大雨，河水暴涨，蒙古军遏水灌城，城中"居民溺死无算"。

### （二）庄稼受损，饥馑无食

西夏大安十一年（1084年），银、夏州大旱，"田野龟坼，禾麦尽槁"，"民众大饥，人煞饥饿"。

天祐民安八年（1097年），国中大困，"民鬻子女于辽国、西蕃以为食"。此处未说明何种灾害，但发生了严重的饥荒。

乾祐七年（1176年），因蝗灾，"河西诸州食稼殆尽"。"河西诸州"证明当时受灾面积不小，"食稼殆尽"说明灾害不轻。

光定十三年（1223年），中兴府、灵州一带无雨，"三麦不登"，致使"饥民相食"。可见当时那一带民众的饥馑状况。

### （三）房舍倒塌，流离失所

西夏大庆四年（1143年）三月，地震，"坏官私庐舍、城壁"。又"出黑沙，阜高数丈，广若长堤，林木皆没，陷民居数千"。可知地震造成房倒屋塌，破坏性很大。

崇宗贞观十年（1110年），河西饥馑，"蕃民流亡者甚众"。贞观十一年，暴雨成灾，河水泛滥，"坏军营五所、仓库民舍千余区"。

### （四）牲畜死亡

西夏畜牧业很发达，不仅有少数民族在草原的广阔牧场，畜养着成群的牲畜，在很多半农半牧区也有很多牲畜。牲畜既是生产资料，也是必不可少的生活资料，因此牲畜在西夏显得特别重要。然而很多自然灾害会导致大量牲畜死亡，而大量牲畜死亡又威胁着人们的生产、生活。

西夏天赐礼盛国庆五年（1073年）六月，天大旱，"草木枯死，羊马无所食"。虽未说明旱灾的具体地点，但从宋朝的反应看，宋神宗诏六路经略司"严察汉蕃，无致侵窃"。旱灾地区涉及宋朝多处经略司，可知西夏旱灾面积大，无食而死的牲畜很多。

西夏贞观十年（1110年），数月无雨，瓜、沙、肃三州，"水草乏绝，赤地数百里，牛羊无所食"，这次旱灾涉及地区也很广大，且时间很长，估计死亡牲畜也不少。

自然灾害很多，给西夏造成的损失也很大，而且往往是一种灾害造成多方面的损失。地震、水灾，首先是人员伤亡，房屋受损，然后庄稼无收，百姓流离失所，逃亡在外。旱灾一般有一个较长的时间过程，先是天旱无雨，然后禾苗干枯，最后收成大减或绝收，从而造成饥馑，人们饿死或逃亡。

当时社会、家庭抗御灾害的能力很弱，灾害往往会造成重大损失。

# 第三章　自然灾害的危害与影响

## 第一节　人民生命财产损失

西夏发生的自然灾害多，尽管记载有限，但见诸文字的灾害都很严重，给人民生命财产造成了重大损失。其中有直接损失和间接损失。

### 一　直接损失

宋至道二年（996年）十月，夏州地震，城郭、房屋大多损坏，人畜伤亡可想而知，损失非常巨大。当时已近寒天，人民无房、乏食，流离失所，生活疾苦不难想象。

宋咸平五年（1002年），夏州先旱后涝，经九昼夜的大雨，河防决口，番、汉人民溺死无数，生命财产损失很大。作物绝收，造成银、夏、宥三州大饥荒。

宋大中祥符元年（1008年），绥、银、夏三州又久旱不雨，黄河为之淤浅，可见旱情何等严重，这造成禾麦不收，银、夏等州境内饥荒，人民困苦。

### （一）旱灾损失

西夏建国后的天灾给西夏带来更大的生命和财产损失。其中以旱灾造成的损失最大。

如景宗天授礼法延祚五年（1042年），鼠灾加旱灾，粮食几乎绝收，造成大饥荒，国中困乏，民众皆唱"十不如"歌谣，怨声载道，可见灾情严重。

惠宗天赐礼盛国庆五年（1073 年），西夏境内大旱，草木枯死，羊马无所食，监军司令于宋朝缘边放牧。可见这次灾害主要发生在牧区，牲畜损失严重。

大安十一年（1084 年），西夏银、夏州又遭遇大旱，夏秋无雨，禾麦尽死，造成大饥荒，人煞饥饿，损失巨大。

崇宗天仪治平三年（1089 年），西夏黄河以南地区大旱，因久旱不收而造成人民饥馑。

贞观十年（1110 年），西夏西部瓜、沙、肃三州大旱，夏秋六七个月无雨，"水草乏绝，赤地数百里，牛羊无所食"，农业和牧业同时受损。第二年（1111 年），兴州又遭大风雨，河水暴涨，大水入城，破坏性很大。

**（二）地震损失**

地震灾害造成的损失也十分严重。仁宗继位后第三年便遇到重大灾害。前述大庆四年（1143 年）三月至四月，西夏连续发生地震，"阜高数丈，广若长堤，林木皆没，陷民居数千"，人畜死者万数，可知死亡人数之多。这是一次超强地震，也是损失巨大的灾害。西夏灭亡的当年都城被围困，又发生大地震，宫室多被震坏。

**（三）水灾损失**

襄宗应天四年（1209 年）九月，天下大雨，河水暴涨，蒙古军队围攻中兴府，遏水灌城，中兴府内"居民溺死无算"。十二月，河堤决口。最后"河水久灌，城址将圮"。天灾人祸，不知会损失多少人员。

**二　间接损失**

灾害的间接损失主要是指灾害造成人民生活贫困，很多人因灾荒乏食，不得已去借贷，甚或出卖牲畜、土地，进一步贫困，造成赤贫。

**（一）生活水平下降，贫困化加剧**

西夏百姓饮食比较简单，农区以粮食为主，蔬菜为辅，肉食很少。牧区则以乳肉为主。在西夏，无论是农区还是牧区，饮食生活都处于低水平。前面提到西夏不少地区自然条件较差，自然灾害经常发生，战争连年不断，这些都严重影响了食品的生产。食物匮乏受害最大的是普通百姓，西夏人食不果腹的现象经常发生。西夏人以借贷粮食度荒，以野菜充饥，甚至乞讨度日，更有甚者卖儿鬻女，这都是西夏贫民饮食生活的真实情景。

西夏《文海》中有"稗"一词，其注释为："大麦、小麦中杂草稗子之谓。"① 这种农作物中的杂草果实细小，一般都作为畜草，然而西夏却把它列入谷物食品。西夏文《三才杂字》"谷"类中有"蒿稗"一词，西夏汉文本《杂字》在有关食品的词目中也有"稗子"一词，说明西夏人将稗子也作为粮食作物。西夏文书也反映了西夏平民的粮食匮乏状况。

宋代文献记载了西夏人民缺少食物的情况：

> 西北少五谷，军兴，粮馈止于大麦、荜豆、青麻子之类。其民则春食鼓子蔓、咸蓬子，夏食苁蓉苗、小芜荑，秋食席鸡子、地黄叶、登厢草，冬则畜沙葱、野韭、拒霜、灰荤子、白蒿、咸松子，以为岁计。②

西夏人一年四季都食野生植物的记载似乎不完全可靠，但从记载可以反映出西夏人民生活艰辛，饮食水平很低，野菜、野草是他们经常的补充食品。西夏谚语中有"夫妻食馔菜粥混""无甜食吃菜蔬"，③ 这也反映出西夏穷人食不果腹的情景。在食粮不足的情况下，西夏社会有节俭用粮的习惯。西夏谚语又有"女俭食，从前未俭煮时俭，测未及"，④ 意思是妇女节俭粮食，平时未注意节俭，临做饭时粮食不足再节俭就来不及了，告诫大家平时要注意节俭（见图3-1）。

---

① 史金波、白滨、黄振华：《文海研究》，5.142，第398页。
② （宋）曾巩：《隆平集》卷二十。
③ 陈炳应：《西夏谚语——新集锦成对谚语》，第8、10、23页。
④ 陈炳应：《西夏谚语——新集锦成对谚语》，第18页。

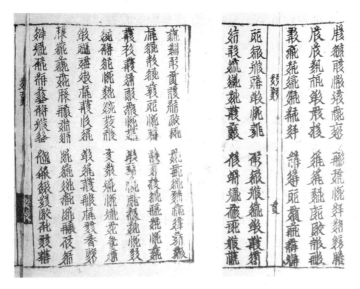

图 3-1　西夏文谚语《新集锦合谚语》中的节俭语句

### （二）灾荒引发高利借贷，加速贫困化

西夏人民遇灾荒之年，来年春夏无食，不得已只能借贷粮食度日。灾年乏粮时，互通有无的借贷本来是缓解灾情的一种措施，但从现有资料看，西夏时期的粮食借贷都是有息借贷，且都是高利贷。缺粮的百姓借高利贷，虽然能救一时之急，不至于缺粮饿死，但背上高利贷之后的生活更加困苦，往往走上贫困化的道路。

黑水城出土有近 500 件西夏文契约，其中主要是借贷契约，包括贷粮契和贷粮抵押契。黑水城一带有黑水灌溉之利，若是水浇地能保证适时灌水，则无旱灾之虞。但若发生自然灾害，农民仍会乏粮，不得不去借贷。而且黑水城地区的耕地也并非全部都能做到渠水灌溉。如黑水城出土的Инв. No. 4696-1②西夏天庆卯年（1195 年）康回鹘子贷粮抵押地契，明确记载"地上没有渠"。[①] 这样的耕地在干旱的黑水城地区，很难不受旱灾的影响。

---

[①]　俄罗斯科学院东方研究所圣彼得堡分所、中国社会科学院民族研究所、上海古籍出版社编《俄藏黑水城文献》第 13 册，第 235 页。

黑水城出土的契约集中反映出西夏百姓的贫困状况。① 他们的借贷和抵押应与头一年的歉收有关，而歉收往往与灾荒有直接联系。

西夏法律对借贷有明确规定，《天盛律令》记载：

> 全国中诸人放官私钱、粮食本者，一缗收利五钱以下，及一石收利一石以下等，依情愿使有利，不准比其增加。②

其中"一缗收利五钱以下"应是 1 缗每日收利 5 钱，日利率 0.5%，月利率 15%。"一石收利一石以下"，应是指全部利息不能超过原本，即利率最高达到 100%。这种在高利贷的前提下，对放贷钱、粮利率加以限制的规定，使放贷者不能无限制地盘剥，相对有利于借贷者。《天盛律令》还规定：

> 前述放钱、谷物本而得利之法明以外，日交钱、月交钱、年交钱、执谷物本，年年交利等，本利相等以后，不允取超额。若违律得多利时，有官罚马一，庶人十三杖。所超取利多少，当归还属者。③

这里载明借钱、借粮收取利息可按日、月、年等多种形式，这些形式都是政府法律允许的。已发现的上述契约也证实在西夏的借贷活动中确实存在这三种借贷形式。所定债主取利最高止于本利相等，即获利不得超过 1 倍，利率不能高于 100%，这也由已出土的多种不同类型契约所证实。

1. 总和计息，也可以看作按年计息

西夏文借贷契约每次从借粮到还贷时间一般为三四个月，利息多数是

---

① Е. И. Кычанов, Тангутский документ о займе под залог из Хара-хото Письменные памятника Востока, Ежгодник, 1972, М., 1977, 146-152；〔日〕松泽博：《西夏文谷物借贷文书私见》，《东洋史苑》第 46 号，1996 年 2 月；史金波：《西夏粮食借贷契约研究》，中国社会科学院学术委员会编《中国社会科学院学术委员会集刊》第 1 辑（2004），社会科学文献出版社，2005；史金波：《英藏黑水城出土抵押贷粮契考》，《文津学志》编委会编《文津学志》第 12 辑，国家图书馆出版社，2019；史金波：《俄藏 5949-28 号 乾祐子年贷粮抵押契考释》，杜建录主编《西夏学》第 21 辑，甘肃文化出版社，2020。

② 史金波、聂鸿音、白滨译注《天盛改旧新定律令》第三"催索债利门"，第 188 页。

③ 史金波、聂鸿音、白滨译注《天盛改旧新定律令》第三"催索债利门"，第 189 页。

本粮的一半。有的契约中记为"半变",即变为增加一半,并将本利共计粮数写明,至七月或八月一次付清。这是50%的利率。如 Инв. No. 4596-1①借2石麦,还3石;Инв. No. 4596-1③借1石麦及1石杂,共2石,还3石;Инв. No. 4526②借5石杂粮,还7石5升;Инв. No. 5147-1③借1石麦,本利共算还1石5斗;Инв. No. 5223-4②借杂粮2石8斗8升,还本利4石3斗2升;Инв. No. 5949-41①借8斗杂粮,还1石2斗;Инв. No. 8005-3②借1石5斗麦,本利共算还2石2斗5升:皆属此类。短短的三四个月利息达50%,实属高利贷性质。

还有比这更高的利息,如 Инв. No. 2158 借贷契约残页中有借2石麦,每石6斗利,共还3石2斗麦,利率60%。又 Инв. No. 7889①借麦6斗,每斗8升利,本利共还1石8升,利率80%。武威讹国师放贷1石有8斗利,利率也是80%。

最高的利率是100%,相当于中原宋朝高利贷的"倍称之息"。如Инв. No. 4696-1①天庆卯年(1195年)贷粮契借8石麦,本利共还16石麦,利息高达本粮1倍,利率100%。又如 Инв. No. 4696-3⑧四月二十五日借1石杂粮,还2石,又借2斗杂粮,还4斗,还期是七月一日,借期仅仅两个月零几天,利率高达100%。Инв. No. 5949-19③借4石2斗5升麦、10石4斗杂粮,还29石2斗2升,利率接近100%。若是100%的利率应还29石3斗,其中有8升误差,不知是计算有误,还是细粮、杂粮换算的结果。

Инв. No. 4696-1①天庆卯年贷粮契系西夏文草书(见图3-2),以下为识别转为楷书的录文和汉文译文:

Инв. No. 4696-1①西夏文录文:

[西夏文]

[西夏文]

[西夏文]

[西夏文]

[西夏文]

---

① 此字旁有一颠倒符号。

𘟢𗱕𗸱𘎳𗈜𗦲（画押）

𘟢𗦮𘎆𗈼𘎭𗯁（残）

𘟢𗦮𗸱□□□（残）

𗽀𗧀𘏀𘈈𘌊□（残）

𗽀𗧀𘜁𘟙𘐙𗌭（画押）

𗽀𗧀𗱟𘈷𗙼□（画押）

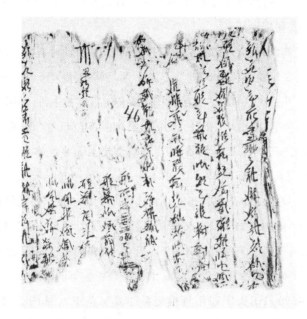

图 3-2　黑水城出土西夏文 Инв. No. 4696-1①天庆卯年贷粮契

译文：

同日，立契者梁隐藏子，今自善盛处借本八石
麦，本利相等为十六石麦。期限已定八月一
日谷数备齐还来。过期不还时，一石当还二石，
不仅依官法向贡库中罚交十石麦，□□
□□，服。本利□□□，依文书所有实行。

借者梁隐藏子（画押）

　　　　相借蒐移成酉（残）

　　　　相借梁□□□（残）

　　　　证人晷正月□（残）

　　　　证人息玉吉祥（画押）

　　　　证人耶和山□（画押）①

　　有的借粮利息是 50%，但借期很短，实际上利率很高。如 Инв.
No. 5949-16①五月二十九日借杂粮 8 斗，七月一日还本利 1 石 2 斗，一个
月的利息是 50%。若按这种利率多借一个月，利率将是 100%。

　　2. 按月计息

　　在本粮的基础上，每月按比例计息。如 Инв. No. 4762-6①借 10 石麦、10
石大麦，正月二十九日立契，二月一日始算，每月 1 斗中有 2 升利，即月息
20%。契约中记有"乃至本利头已为"，即达本利相等时还本息。虽未写具体
还息时间，但实际上至七月一日共五个月，利息可达 100%，这是另一种"倍
称之息"，到时还 20 石麦、20 石大麦。又 Инв. No. 5870-2②二月二日天庆寅
年（1194 年）梁蒐名宝贷粮契，借 2 石 3 斗 5 升麦，自二月一日计息，每
月 1 斗有 2 升利，月息 20%，至七月一日利率可达 100%（见图 3-3）。

　　译文为：

　　　　天庆寅年二月二日立契者梁蒐名宝及

　　　　梁盛犬等，今自梁喇嘛、那征茂等处借二石三斗

　　　　五升麦，自二月一日起，一月一斗有二升

　　　　利，及至本利相等。过期时依官法罚交三石

　　　　麦。服。

---

①　西夏文 Инв. No. 4696-1①天庆卯年贷粮契，出土于内蒙古自治区额济纳旗黑水城遗址，今
　　藏俄罗斯科学院东方文献研究所手稿部，残卷，高 19.5 厘米，宽 114 厘米。西夏文 94 行，
　　草书。9 件契约连写。第 66、75 行有"天庆卯年五月二十七日"年款。有署名、画押。契
　　尾上部有表示贷粮数量的算码。此为第 1 件契约，西夏文 11 行。图版见俄罗斯科学院东方
　　研究所圣彼得堡分所、中国社会科学院民族研究所、上海古籍出版社编《俄藏黑水城文
　　献》第 13 册，第 235 页。

立契者梁嵬名宝（画押）

同立契者梁盛犬（画押）

同立契者子禅定酉（画押）

同立契者子羌盛（画押）

证人平尚富山（画指）

证人平尚讹山（画指）①

图 3-3　黑水城出土西夏文 Инв. No. 5870-2②天庆寅年梁嵬名宝贷粮契

Инв. No. 5870-2②借粮 2 石 3 斗 5 升的梁嵬名宝等，二月借粮，月息 20%，至本利相等，利率达到 100%，届时要还 4 石 7 斗。

---

① 西夏文 Инв. No. 5870-2②天庆寅年梁嵬名宝贷粮契，原件出土于内蒙古自治区额济纳旗黑水城遗址，今藏俄罗斯科学院东方文献研究所手稿部，残卷，原有 9 纸。各纸高约 21 厘米，共长 390 厘米，有西夏文草书 198 行，内有多件粮食借贷契约。各契约有的首行记"寅年"年款，有的首行记"天庆寅年"年款，都应是"天庆寅年"（1194 年）。契尾有署名、画押。图版见俄罗斯科学院东方研究所圣彼得堡分所、中国社会科学院民族研究所、上海古籍出版社编《俄藏黑水城文献》第 14 册，第 57 页。

### 3. 按日计息

在本粮的基础上，以日按比例计息。Инв. No. 5812-3①借粮 1 石 5 斗，"石上每日一升利"，即借 1 石粮每日 1 升利，合日息 1%，100 天利率可达 100%（见图 3-4）。① Инв. No. 5812②借粮 1 石杂，"五日中有半升利"，即借 1 斗粮 5 日半升利，合日息 1%，100 天利率也可达 100%。

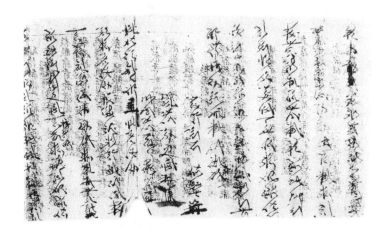

**图 3-4　黑水城出土西夏文 Инв. No. 5812-3①以日计息贷粮契**

实际上，契约中收取利息的情况远比法律规定复杂，有的契约利率已经超过 100%，如 Инв. No. 7892-8③中记"借七斗麦有八斗利"，利率达到 114%。说明仍有违反法律、超额取利的现象，这也证明此种法律规定并非无的放矢。这里不仅再一次明确规定对利率加以限制，而且对超额收利者进行处罚，并退还超收的利息，从而在一定程度上照顾到借贷者的利益。

西夏的借贷契约中不少是抵押借贷，即借贷者借贷粮食时要抵押物品。如黑水城出土的 Инв. No. 954①光定未年（1223 年）的谷物借贷契约中，借贷者耶和小狗山就抵押了牲畜（见图 3-5）：

----

① 西夏文 Инв. No. 5812-3①以日计息贷粮契，出土于内蒙古自治区额济纳旗黑水城遗址，今藏俄罗斯圣彼得堡东方学研究所手稿特藏部，残卷，高 19.2 厘米，宽 46.6 厘米，西夏文 19 行，草书，有署名、画押，有涂改。两契约相连，1~10 行为一契约。图版见俄罗斯科学院东方研究所圣彼得堡分所、中国社会科学院民族研究所、上海古籍出版社编《俄藏黑水城文献》第 14 册，第 54 页。

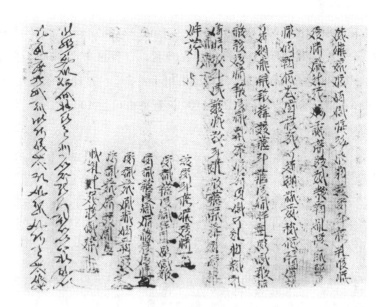

图 3-5　黑水城出土西夏文 Инв. No. 954①光定未年耶和小狗山贷粮抵押驴子契

译文为：

光定未年四月二十六日，立契者耶和小
狗山，今自移讹金刚盛处借三石杂粮，本利
共算四石五斗，变为一五齿黑母驴子，
一为驴子幼仔做抵押，抵押经手梁氏善月宝、儿
子子功山等。期限同年八月一日谷数
当聚集交来，若不交来时，抵押牲畜当赔付，本
心服。

> 立契者小狗山（画押）
> 同贷经手梁氏善月宝（画押）
> 同贷经手儿子子功山（画押）
> 同贷律移福成盛（画押）
> 同贷康盛乐（画押）

证人移讹腊月犬（画押）①

耶和小狗山借杂粮 3 石，3 个月后本利交 4 石 5 斗，3 个月的利率为
50%，将自己的五齿黑母驴子和驴子幼仔抵押给出贷者移讹金刚盛，若到时
不能还借贷本息，则要赔付抵押牲畜。

从西夏黑水城出土的大量粮食借贷契约看，借贷时间大多集中在春夏。
西夏黑水城地区是典型的大陆性气候，纬度较高，气候寒冷，春种秋收。
春夏之间正是青黄不接时期。②

黑水城出土的汉文契约也证实了西夏借贷的高利率的存在。天庆六年
（1199 年），西夏汉文抵押借贷契 12 残纸，编号 TK49P，是天庆年间贷粮人
到裴松寿处贷粮的契约。其中借贷数目可识者有 5 件。

其中 1 件（见图 3-6 右 2）录文为：

天庆六年四月十六日立文人胡住儿□……

裴松寿处取到大麦六斗加五利，共本利 九斗 ，

其大麦限至来八月初一日交还。如限日不见交

还时，每一斗倍罚一斗……③

此件抵押物不清，当值 6 斗大麦，"加五利"即 50% 的利息。据统计，同年
五月一日至九日共 11 件契约借出的大、小麦有 14 石之多。

---

① 西夏文 Инв. No. 954①光定未年耶和小狗山贷粮抵押驴子契，出土于内蒙古自治区额济纳
旗黑水城遗址，今藏俄罗斯科学院东方文献研究所手稿部，残页，高 18.4 厘米，宽 25.6
厘米。西夏文 15 行，前 13 行为一完整契约，第 14、15 行为又一契约的开始部分，有署
名、画押。图版见俄罗斯科学院东方研究所圣彼得堡分所、中国社会科学院民族研究所、
上海古籍出版社编《俄藏黑水城文献》第 12 册，第 146 页。参见〔日〕松泽博《西夏文
谷物借贷文书私见——俄罗斯科学院东方学研究所列宁格勒分所藏 0954 文书再读》，《东
洋史苑》第 46 号，1996 年 2 月。

② 史金波：《西夏粮食借贷契约研究》，《中国社会科学院学术委员会集刊》第 1 辑（2004）。

③ TK49P 天庆年间裴松寿处典麦契，出土于内蒙古自治区额济纳旗黑水城遗址，今藏俄罗斯
科学院东方文献研究所手稿部，为西夏汉文刻本《金刚波若波罗蜜经》的裱纸，共 12 纸
残页，高者 23 厘米，宽窄不一。图版见俄罗斯科学院东方研究所圣彼得堡分所、中国社
会科学院民族研究所、上海古籍出版社编《俄藏黑水城文献》第 2 册，第 37 页。

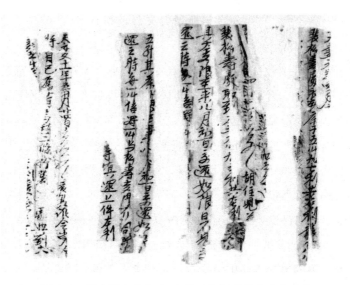

**图 3-6 黑水城出土 TK49P 天庆年间裴松寿处典麦契**

英国国家图书馆也藏有黑水城出土的多件天庆十一年（1204 年）的汉文借贷抵押契残件，出贷人也是裴松寿。其中有借贷抵押人兀女浪粟以自己的袄子裘抵押借到大麦 5 斗、小麦 5 斗，3 个月后要用 1 石 3 斗 5 升来赎。大麦、小麦的利息分别是 3 分和 4 分。[①]

看来裴松寿的放贷至少从天庆六年（1199 年）到十一年（1204 年），时间较长，收利很高，天庆六年加五利，天庆十一年加三利或四利，都是高利贷性质。每年四五月份，旧粮吃尽，新粮未熟，贫困者只好抵押因已过寒冬而暂时不用的冬衣等物，待收割后加利赎回，穷人所受盘剥之苦、高利贷商人获利之多于此可见。这些文书还证明，西夏黑水地区长期活跃着裴松寿这样专门从事借贷的商人，[②] 他们收抵押物贷粮，从中牟利。放贷成为西夏社会经济领域中的一个特殊行业，同时在灾害缺粮时期暂时帮助社会贫民渡过危机，起到减灾润滑剂的作用。

不仅黑水城地区，凉州地区也出现了类似的贷粮契。如武威亥母洞出

---

① 陈国灿：《西夏天庆间典当残契的复原》，《中国史研究》1980 年第 1 期。原件见〔法〕马伯乐《斯坦因在中亚西亚第三次探险的中国古文书考释》，伦敦，1953。录文见《敦煌资料》第 1 辑（中华书局，1961）。

② 杜建录：《黑城出土的几件汉文西夏文书考释》，《中国史研究》2008 年第 4 期。

土了西夏文乾定申年（1224 年）没瑞隐藏犬贷粮契（见图 3-7）。

译文为：

> 乾定申年二月二十五日，立契者
> 没瑞隐藏犬，今于讹国师处已借一
> 石糜本，一石有八斗利，由命
> 屈般若铁处取持。全本利一齐于
> 同年九月一日本利聚集，当还讹国师
> 处，若过期不还来时，先有糜数偿还
> 以外，依官法罚交七十缗钱，本心服。
>
> 　　　　立契者没瑞隐藏犬（画押）
>
> 　　　　同借者李祥和善（画押）
>
> 　　　　同借者李氏祥和金（画押）
>
> 　　　　证人李显令犬（画押）①

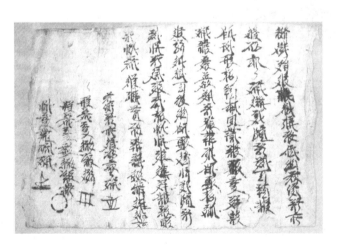

**图 3-7　武威出土 G31004［6728］乾定申年没瑞隐藏犬贷粮契**

---

① 此件出土于甘肃省武威亥母洞，今藏武威市博物馆，编号 G31004［6728］，高 18 厘米，宽 27 厘米，西夏文草书 11 行，首行有"乾定申年二月二十五日"年款，后有署名、画押。图版见史金波、陈育宁主编《中国藏西夏文献》第 16 册，第 389 页。参见孙寿岭《西夏乾定申年典糜契约》，《中国文物报》1993 年第 5 期；史金波《西夏粮食借贷契约研究》，《中国社会科学院学术委员会集刊》第 1 辑（2004）。

在敦煌莫高窟北区石窟中也发现了西夏时期的借贷和借贷抵押契约，其中有的还是西夏文与汉文合璧的契约。敦煌地区在西夏时期属沙州，那里有党项族、汉族、回鹘族和藏族居住。贫苦农民在饥荒时节也不得不借贷粮食，如敦煌莫高窟北区石窟出土西夏文归某贷粮抵押契（见图3-8）：

图 3-8 敦煌莫高窟北区 52 窟出土西夏文
K02052·081006 ［B52：50-7］
归某贷粮抵押契

译文为：

……正月二十六日，立契者归……

……处，借本粮二石五斗，变换……

……为，因此已（抵押）三钱厚木盏、一旧釜……

……同年八月一日，本利三石二斗、……

……①

现已发现的贷粮契已近 270 件，抵押贷粮契近 120 件，数量很多，遍及西夏很多地区。看来西夏贫苦农民在饥荒来临时举债借贷不是个别现象。西夏的贫民吃够了借贷的苦，总结出了生活经验。西夏谚语中有"二月三月，不吃借食，十一腊月，不穿贷衣"，② 这表达了西夏贫困百姓缺衣少穿时对借贷的恐惧。

西夏境内有因无食而行乞者。西夏谚语中有"乞者同来难得食"，③ 意思是乞丐同到一处乞讨难以得到食物，这从侧面反映出西夏有较多的乞丐。

---

① 本件出土于敦煌莫高窟北区 52 窟，今藏敦煌研究院，编号 K02052·081006 ［B52：50-7］，高 17.2 厘米，宽 11.0 厘米，存西夏文草书 4 行，上部和后部残。参见史金波《新见莫高窟北区石窟出土西夏契约释考》，《敦煌研究》2022 年第 4 期。
② 陈炳应：《西夏谚语——新集锦成对谚语》，第 13～14 页。
③ 陈炳应：《西夏谚语——新集锦成对谚语》，第 11 页。

**（三）卖地、卖牲畜，影响生产、生活**

当遇到灾荒年月，有的贫困家庭可能只靠借贷粮食还不能解决口粮问题，于是不得不忍痛卖掉自己的土地或牲畜，以求得更多的口粮。当然，这样的后果是他们失去了自己赖以生存的生产资料。有的家庭卖掉部分土地后，还另有耕地；有的家庭在卖掉土地后不得不包租土地耕种，这样到秋后收获粮食后还要缴纳租粮。

黑水城出土的一件卖地契，麻则老父子将生熟地 23 亩出卖给梁守护铁，卖价为 8 石杂粮，文契记明所卖土地四至及卖者不能反悔，若反悔则受罚等语，后有卖者、担保人和知证人的签字画押。[①] 此外，还有天庆寅年（1194 年）、天庆丙辰年（1196 年）、天庆戊午年（1198 年）多件卖地契约。这些契约反映出西夏土地买卖不是个别的现象。土地买卖不是以金钱交易，而都是以粮食或牲畜进行交易。这些土地买卖证明西夏土地买卖行为与中原王朝一样有完备的手续，也反映出西夏小土地占有者的状况。

特别是 Инв. No.5124 是西夏天庆寅年正月末至二月初的 23 件契约，包括贷粮契、卖地契、租地契、卖畜契、雇畜契等多种契约。其中卖地契 8 件，是当地普渡寺在正月、二月时，陆续从农民手中购买土地的文书，卖者多是将土地连同房屋、树木一并出售，反映出寺院在青黄不接时大肆兼并土地的情况。卖地所得售价粮食分别为杂粮 15 石、麦 15 石，6 石麦及 10 石杂粮，4 石麦及 6 石杂粮，2 石麦、2 石糜、4 石大麦、10 石麦、10 石杂粮、10 石糜，4 石麦及 9 石杂粮，6 石杂粮及 1 石麦，5 石杂粮。其中最多的两笔皆为 30 石粮，最少的一笔是 5 石粮，这比一般贷粮的数目要高出很多。如西夏天庆寅年二月一日庆现罗成卖地契（见图 3-9）：

---

① 西夏文 Инв. No.4193 天庆戊午五年麻则老父子卖地房契，出土于内蒙古自治区额济纳旗黑水城遗址，今藏俄罗斯科学院东方文献研究所手稿部，高 23.2 厘米，宽 43.1 厘米，西夏文草书 12 行，有署名、画押。有朱色押捺印记，其中有 4 个较大的横写西夏文楷书字"𗴾𘝣𗉋𗷻"，译文为"买卖税院"。图版见俄罗斯科学院东方研究所圣彼得堡分所、中国社会科学院民族研究所、上海古籍出版社编《俄藏黑水城文献》第 13 册，第 194 页；史金波《黑水城出土西夏文卖地契研究》，《历史研究》2012 年第 2 期。

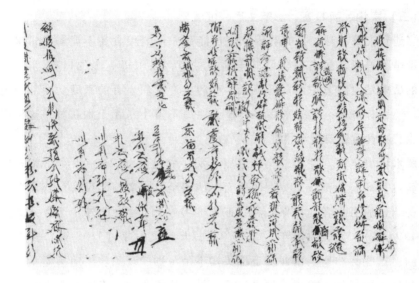

图3-9 黑水城出土西夏文 Инв. No. 5124-3①天庆寅年庆现罗成卖地契

译文为：

寅年二月一日立契者庆现罗成，向普渡寺

属寺粮食经手者梁那征茂及梁喇嘛等全部卖掉

撒十石熟生地一块，及大小房舍、牛具、石笆

门、五柜分、树园等，议价十石麦、十石杂粮、十

石糜，价、地等并无参差。若彼及其余

诸人、官私同抄子弟有争讼者时，由现罗成

管，那征茂及喇嘛等不管，何人欲改口时，

不仅按官府规定，罚交三两金，服，还按情节依文书施行。

四至界已令明

东界梁老房酉地　　南界梁老房有地

西界恶恶现罗宝地　北界翟师狗地

有税一石，其中二斗麦

　　　　　　立契者庆现罗成（画押）

　　　　　　同立契者恶恶□母金（画押）

同卖恶恶花美犬（指押）

证人梁酉狗白（指押）

证人梁善盛（指押）①

　　此块地卖给寺庙立契后，墨迹未干，就在这件卖地契约后书写了另一件租地契约（见图3-10），寺庙立即将此块地转手包租出去：

　　译文为：

寅年二月一日，麻则羌德盛今从普渡寺

粮食经手者喇嘛和那征茂属地包租一块，地租议定

七石麦、十二石杂粮。日限九月一日

谷、地付清。服。

立契者麻则羌德盛（画押）

包租者平尚讹山（画押）

证人梁酉狗白（画押）

证人梁善盛（画押）②

　　这块地一共卖了30石粮，寺庙买断转租后第一年就收取租粮19石，出租两年即可收回买地成本且还有盈余。可见贫苦农民在缺粮不得已卖地时会被压价盘剥，而缺地农民在租地时会被抬高租价。

　　贫苦乏粮农民还在青黄不接时出卖家养的牲畜以换取口粮。在上述契约长卷中有3件卖畜契，牲畜的售价分别是：5石麦及2石杂粮，2石麦、

①　西夏文 Инв. No.5124-3①天庆寅年庆现罗成卖地契，出土于内蒙古自治区额济纳旗黑水城遗址，今藏俄罗斯科学院东方文献研究所手稿部，系契约长卷中的一件，高21.6厘米，宽29厘米，西夏文草书17行，有署名、画押。图版见俄罗斯科学院东方研究所圣彼得堡分所、中国社会科学院民族研究所、上海古籍出版社编《俄藏黑水城文献》第14册，第14页；史金波《黑水城出土西夏文卖地契研究》，《历史研究》2012年第2期。

②　西夏文 Инв. No.5124-3⑨天庆寅年麻则羌德盛包租地契，为上述契约长卷中的一件。本契存8行，后有署名、画押。图版见俄罗斯科学院东方研究所圣彼得堡分所、中国社会科学院民族研究所、上海古籍出版社编《俄藏黑水城文献》第14册，第18页；史金波《黑水城出土西夏文租地契研究》，四川大学历史文化学院编《吴天墀教授百年诞辰纪念文集》，四川人民出版社，2013。

3 石杂粮，2 石大麦、1 石糜，这比一般借贷数量要多。如西夏天庆寅年二月三日平尚讹山卖骆驼契（见图 3-11）：

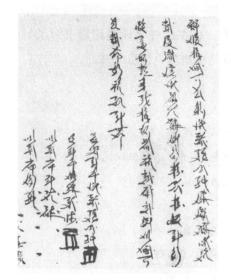

图 3-10　黑水城出土西夏文
Инв. No. 5124-3⑨天庆寅年
麻则羌德盛包租地契

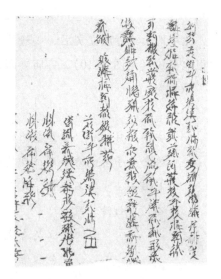

图 3-11　黑水城出土西夏文
Инв. No. 5124-4⑤天庆寅年
平尚讹山卖骆驼契

译文为：

同日立契者平尚讹山等，自愿向梁那征茂、
喇嘛等出卖自属一二齿公骆驼，价二石大麦、
一石糜等已付，价畜等并无悬欠。其畜有其他
诸人、同抄子弟追争诉讼者时，不仅按《律令》
承罪，还依官罚交二石杂粮。服。

立契者平尚讹山（画押）
同立契妻子酪布氏母犬宝（画押）
证人梁善盛（指押）

证人梁老房酉（指押）①

在一发现的西夏文契约中，卖地契 14 件、卖人口契 7 件、卖牲畜契 20 件。这说明卖地或卖牲畜的缺粮家庭很多，他们不得不卖掉生产资料，尽管这是一种割肉补疮的办法，但也只能忍痛割爱。卖地、卖牲畜影响到此后的家庭生计，有可能因此而成为少地、无地、缺乏畜力的贫困农民。

**（四）引起社会动荡**

有的家庭荒年卖子女，这使社会基层组织——家庭受到损害，影响社会安定。如前述天祐民安八年（1097 年），西夏灾荒，民众饥馑，不少人将子女卖到辽国、西蕃以换取食物。② 西夏法典《天盛律令》规定，除身份低下的使军、奴仆外，是不能被买卖的。可能遇到严重灾荒的贫苦百姓因饥馑不得已卖掉亲生子女，但西夏法律又不允许买卖人口，因此只能卖到相邻的王朝，这样既能以此度荒，又可免遭西夏法律的责罚，但这要承受家庭失散亲人之痛。

借粮者秋后还贷要连本带利还清，收成中的相当部分要归出贷者所有，属于自己的粮食大打折扣，这样会走上更贫困的道路。若遇灾荒，稼禾不稔，处境更为凄惨。倘若借贷者的粮食不够留种和食用，第二年春夏难免走上再行借贷的老路，形成年复一年借贷的恶性循环。高利贷对借贷者而言无异于饮鸩止渴，借贷者往往走向破产，最后不得已出卖土地、房屋，这会使社会贫富更加悬殊，容易引起社会动荡。

西夏法典《天盛律令》"催索债利门"中的法律条文，主要是保护出贷者的本利，维护债主的权益。第一条开宗明义直接规定对负债人要强力逼债：

> 诸人对负债人当催索，不还则告局分处，当以强力搜取问讯。因负债不还给，十缗以下有官罚五缗钱，庶人十杖，十缗以上有官罚马

---

① 西夏文 Инв. No. 5124-4⑤天庆寅年平尚讹山卖骆驼契也为上述契约长卷中的一件。西夏文草书 9 行，末有署名、画押。图版见俄罗斯科学院东方研究所圣彼得堡分所、中国社会科学院民族研究所、上海古籍出版社编《俄藏黑水城文献》第 14 册，第 20 页；史金波《西夏文卖畜契和雇畜契研究》，《中华文史论丛》2014 年第 3 期。

② （清）吴广成：《西夏书事》卷三十。

一，庶人十三杖，债依法当索还，其中不准赖债。若违律时，使与不还债相同判断，当归还原物，债依法当还给。①

"局分处"即政府有关当局。到时不还债，债主要将负债者告到官府，官府则强力搜寻审问，负债者还要被罚款。所谓"有官"人是有官位的人，相对于普通百姓的"庶人"是有特权的人。② 对负债的"有官"人和"庶人"处罚不同。对"有官"人主要是罚款、罚马，对"庶人"则是打10杖或13杖，处罚后仍然要还债。

"催索债利门"第二条则对负债者网开一面，对无力还债者留有余地，规定：

> 诸人因负债不还，承罪以后，无所还债，则当依地程远近限量，给二三次限期，当使设法还债，以工力当分担。一次次超期不还债时，当计量依高低当使受杖。已给三次宽限，不送还债，则不准再宽限，依律令实行。③

无力还债者可出工抵债，屡次超期不还债再量情行杖。宽限不能超过三次。这种法律的通融似乎对负债者有所照顾，但最终还是最大限度地保证债主能收回本利。

借粮契约在规定偿还日期后，写明对过期不还的处罚。有两种处罚方法。一种处罚的方法是根据借粮多寡，罚不等的粮食。如 Инв. No. 4384-1 号借 2 石麦、1 石杂，契约规定："日过时依官罚交二石麦，服。"即超过偿还日期仍不偿还时，按官法罚交 2 石麦，借贷者心服同意。这种处罚是出贷者倚仗粮食所有权的优势和官府的法律保护而规定的，借贷者只有"服"的选择。另一种处罚的方法是按比例罚粮。如 Инв. No. 4596-4③规定到期不还，则要受到加倍偿还的处罚，1 石还 2 石，如果没有粮食，则需要相与

---

① 史金波、聂鸿音、白滨译注《天盛改旧新定律令》第三"催索债利门"，第 188 页。
② 史金波：《西夏的职官制度》，《历史研究》1994 年第 2 期。
③ 史金波、聂鸿音、白滨译注《天盛改旧新定律令》第三"催索债利门"，第 188 页。

借贷者偿还。契约中所谓"日过时依官罚交"若干，并非虚声恫吓，而是有上述王朝法律明确处罚作为强力支撑。

《天盛律令》还规定：

> 借债者不能还时，当催促同去借者。同去借者亦不能还，则不允其二种人之妻子、媳、未嫁女等还债价，可令出力典债。[①]

意思是借贷者不能还债时，不许以借贷者和同借者的妻子、儿媳和未嫁女抵债，但可以让她们出工抵债。在妇女地位低下的封建社会，妇女遭受变相买卖的现象并不鲜见。西夏这一法律规定，明确不允许变相买卖妇女，但也证实西夏社会还存在这种现象，不得不以法律形式加以制止。

从这些法律规定可以看出，西夏政府在规范借贷双方的权利、义务时，主要是维护债权人的权利。但贫困者人数众多，借贷者增加，还不起债的或受处罚，被强制实行，或外出逃荒，这都会使社会更加动荡不安。

## 第二节　灾害对西夏的政治军事影响

有时自然灾害严重，造成政局的改变或动荡。如宋咸平五年（1002年），夏州大旱不雨，后又有九昼夜大雨，河防决口，酿成大灾，造成第二年春天银、夏、宥三州大饥荒，极大地削弱了李继迁的势力。此后，李继迁强迫"州民衣食丰者徙之河外五城"，番、汉人民不愿迁徙，嗟怨之声四起。继迁因部下饥乱，不得不率领其族党3万人迁居灵州东的东关镇，分掠河东边境。[②]

天灾影响社会的稳定。如景宗天授礼法延祚五年（1042年，宋庆历二年）旱灾加鼠害，西夏粮食几乎绝收，国中困乏，又入侵宋朝边境进行掳掠，

---

① 史金波、聂鸿音、白滨译注《天盛改旧新定律令》第三"催索债利门"，第189页。
② （宋）李焘：《续资治通鉴长编》卷五十五，真宗咸平六年（1003年）九月壬辰条；（清）吴广成：《西夏书事》卷七。

境内困于军队点集，"财用不给，牛羊悉卖契丹，饮无茶"。翌年民众皆唱"十不如"歌谣，怨声载道，民心不稳。太子宁明死前也曾有遗奏，认为"荒旱荐臻，民不堪奔命"①。元昊知无力再继续与宋朝进行大规模的作战，遂于当年与宋朝达成"庆历和盟"。这是西夏和中原王朝之间的一次重大政治格局的调整，与西夏严重的天灾有直接关系。

有时自然灾害的发生会引起两国的政治交锋，使两国在外交上展开智慧的博弈。前述宋大中祥符元年（1008 年）在绥、银、夏三州遭旱灾后，李德明要求宋朝给 100 万斛粮食。当时宋、夏关系十分微妙复杂，经济问题往往伴随着政治斗争乃至军事斗争。西夏臣属宋朝，按理宋朝亦应支援西夏渡灾，但宋朝又不愿拿出这么多粮食，因此十分为难，不知如何应对。后来宋真宗采用宰相王旦的建议，通知李德明说已经在京师（开封）如数准备好了 100 万斛粮食，德明可以派人来取。西夏当然无法到开封去取粮食。李德明知道宋朝有能人，此事就这样不了了之。这是在粮食问题上，宋夏之间在政治上发生的智斗插曲。②

天灾造成重大损失，但若处理不当，乘天灾之机捞取政治经济利益，会造成境内外的矛盾升级。如惠宗天赐礼盛国庆五年（1073 年）六月，西夏境内大旱，当时旱灾面积很大，宋朝陕西诸路也发生旱灾。西夏当地监军令牧民到宋朝缘边放牧。宋神宗下诏："严察汉蕃，无致侵窃。"旱灾使宋夏双方边界局势紧张。这时西夏掌权国相梁乙埋不思救灾，反而遣人以财物招诱宋朝熟户，挑起边界纠纷。熙宁七年（1074 年）九月，宋朝环庆路安抚使楚建中奏言："以缘边旱灾，汉、蕃阙食，夏人乘此荐饥，辄以赏物招诱熟户，至千百为群，相结背逃。"③ 宋朝环州、庆州也与西夏相邻，

---

① （清）吴广成：《西夏书事》卷十六。
② 《宋史》卷二百八十二《王旦传》。
③ （宋）李焘：《续资治通鉴长编》卷二百五十六，神宗熙宁七年（1074 年）九月己亥条载，"环庆路安抚使楚建中言：'奉手诏，以缘边旱灾，汉、蕃阙食，夏人乘此荐饥，辄以赏物招诱熟户，至千百为群，相结背逃。若不厚加拯接，或致窜逸，于边防障捍非便，委臣讲求安辑救解之法。臣自八月首，户支粮一斛五斗至二斛，今又是九月，户计口借助钱三百至五百，来年四月计十二万缗。'上批：'散粮又支钱，所费既多，当此灾伤之际，极边何以供办？其罢助钱。非缘边州军，仍募阙食户运米往缘边城寨，比原籴价不亏，官即出籴，本司无见粮即计会转运使兑籴。'"

当年这些地区旱灾严重，宋朝沿边是汉族和番族杂居之地，缺食饥荒，而西夏还乘此机会招诱番族中的熟户逃亡西夏。

有时自然灾害会直接或间接影响到战争的进程和胜负。严重的自然灾害会成为战争发生的关键因素。如大安十一年（1084 年），西夏银、夏州又大旱，宋朝从吐蕃首领处得到消息："近枢密院降到熙河奏邈川大首领温溪心所探事宜，言夏国今年大旱，人煞饥饿。及泾原路探到事宜，亦言夏国为天旱无苗，难点人马。"① 证实西夏因旱灾饥馑，难以点集人马。这样的情报不止一次。又如宋元祐三年（1088 年，西夏天仪治平二年），宋朝有圣旨给环庆路经略使范纯粹，提到诸路探得西夏已大段点集兵马，该年秋天对宋作战，却据环庆路探报言，西夏该年天旱，点集不起。究竟如何，要求环庆路查明。范纯粹选择骁勇番骑往西夏捕捉俘虏，后问明确实发生旱灾，不见西夏皇帝有指挥点集，料西夏当年决无边事。② 这段关于宋朝探听西夏内部实际情况的记载，说明旱灾的发生使西夏无力集聚军马，从而使宋夏双方避免了一场战争。天仪治平三年，西夏黄河以南地区大旱，秋收刚过不久，至十月，就开始闹饥荒。国相梁乙逋多次下令点集人马。在西夏，应点集的战士出征，要自备赍费，遭到旱灾的应征士兵无法备齐粮食等，难以应征。梁乙逋点集军队不成，只能作罢。灾害造成了重大损失，但避免了战争。再如西夏晚期光定十三年（1223 年）兴州、灵州大旱，致使饥民相食，神宗遵顼欲点兵侵掠金朝，但因灾荒，不能遽集。

---

① （宋）李焘：《续资治通鉴长编》卷三百六十，神宗元丰八年（1085 年）冬十月丁丑条载，知庆州范纯仁言事："近枢密院降到熙河奏邈川大首领温溪心所探事宜，言夏国今年大旱，人煞饥饿。及泾原路探到事宜，亦言夏国为天旱无苗，难点人马。臣亦恐西界只似昨来陕西沿边少雨，其传多有过当，如汉诏所谓'传闻尝多失实'是也。向来未举灵武之师，诸处皆言西夏衰弱，及至永乐之围，致诸将轻敌败事，此可以为近鉴也。"

② （宋）李焘：《续资治通鉴长编》卷四百十三，哲宗元祐三年（1088 年）八月乙酉条载，环庆路经略使范纯粹言："准八月七日圣旨指挥：'诸路探得夏国已大段点集兵马，今秋欲来作过，却据环庆路探报言，西界今年天旱，点集不起。观其事理，全然不同，未审贼中今岁事力果是如何，或实经凶歉，止扬言大举，以劳我堤备；或实欲入寇，却反言天旱，以款我边防。'……臣以别路关探到点集声势不小，而本路独不住分头体探，兼曾选择骁勇蕃骑往西界收捉得生口，再三体问，各称实以旱灾，人户不易，不见衙头有指挥点集。以臣愚料，借使聚兵甚密，亦不应如此全无息耗。恐今岁之中，决无边事。"

灾害不仅对西夏的军事行动有影响，对宋朝的军事行动也有影响，关系到当时的战局。

宋元符元年（1098 年），宋朝计划在平夏城附近的没烟峡口构筑防御西夏的工事。五月泾原路奏报，因"久旱草未茂，乞展限进筑没烟"。诏以五月中旬进筑。后又诏泾原路，若"委是久旱，未可进筑，即相度奏闻"。后来当年"诸路蚕麦俱大稔，惟陕西沿边旱，自此月十六日环庆、泾原皆得雨霑足，二十日乃止，云遂为丰年"。后于该年七月筑成。① 看来此防御工事的进筑视灾情的有无而进退。

西夏有时利用宋朝与己临近地区的自然灾害，乘人之危，采取军事行动。西夏光定九年（金兴定三年，1219 年）六月，金朝陕西黑风昼起，有声如雷，地大震，民居坍损，威戎寨城坍塌更甚。西夏神宗遵顼乘隙袭击，金知威戎事商衡率番部土豪夺御甚力，西夏军队攻七日，但未能攻克。②

有时在黄河边交战，为了一时之胜负，将帅竟然下令决河堤放水，给民众生命财产造成重大损失。如西夏大安七年（1080 年），宋将高遵裕围攻灵州，"围城十八日，不能下，夏人决七级渠以灌遵裕师，军遂溃"。《西夏书事》载为西夏皇太后梁氏下令灌城，使宋军军士冻溺死无数。③

## 第三节　灾害对西夏经济发展的影响

西夏法典把农业的具体管理措施记载得很详尽，并对违反规定的行为制定了处罚标准，这反映出西夏有比较正规的粮食生产管理。尽管这样，西夏的粮食生产仍然经常受到影响，甚至遭受严重损失。这里除难以抗拒的自然灾害外，主要是频繁的战争使农业生产无法正常进行。西夏实行成年男子人人皆兵的体制，西夏统治者不断点集军队进行战争，当然会影响

① （宋）李焘：《续资治通鉴长编》卷四百九十八，哲宗元符元年（1098 年）五月辛亥条。
② 《金史》卷十五《宣宗纪中》、卷一百二十四《商衡传》；（清）吴广成：《西夏书事》卷四十一。
③ 《宋史》卷三百四十九《刘昌祚传》；（清）吴广成：《西夏书事》卷二十五。

农时，妨碍耕种。乾顺时期的御史大夫谋宁克任总结了西夏多年的经验，提出了十分悲观的看法，他说："自用兵延、庆以来，点集则害农时，争斗则伤民力，星辰示异，水旱告灾，山界数州非侵即削，近边列堡有战无耕。于是满目疮痍，日呼庚癸，岂所以安民命乎？"① 这里把战争、灾害和社会经济的损失直接联系起来。

灾害的发生除使人们的生命、财产受到直接损失外，最大的影响是农牧业的歉收和绝收，这会对社会经济造成严重冲击。首先是粮食匮乏，粮价飞涨。如仁宗大庆三年（1142 年），因连年自然灾害，诸部无食，民间每升米价格达到 100 钱。② 每斗价 1000 钱，达到 1 贯。根据出土的西夏卖粮账计算，西夏的麦价每斗最低 200 钱，最高不超过 250 钱，糜价在 150~200 钱，每升 15~20 钱。③ 此次灾害使西夏的粮价猛涨了四五倍。

宋咸平五年（1002 年），李继迁统治地区先旱后涝，道殣相望，致使第二年四月，继迁"籍州民衣食丰者徙之河外五城，不从杀之"。番、汉人民不愿迁徙，嗟怨之声四起。六月，继迁因部下饥乱，率领其族党 3 万人迁居灵州东的东关镇，分掠河东边境。④

牧草是畜牧业的命脉。若遇大旱，牧草不生或枯死，则牲畜难以觅食。牧草的有无甚至影响到战争的胜负。辽兴宗攻西夏，在辽军势大、接连取胜的情势下，元昊采取坚壁清野、火烧草地的战术：

> 如是退者三，凡百余里矣，每退必赭其地，辽马无所食，因许和。夏乃迁延，以老其师，而辽之马益病，因急攻之，遂败，复攻南壁，兴宗大败。⑤

---

① （清）吴广成：《西夏书事》卷三十二。
② （清）吴广成：《西夏书事》卷三十五。
③ 史金波：《国家图书馆藏西夏文社会文书残页考》，《文献》2004 年第 2 期。
④ （宋）李焘：《续资治通鉴长编》卷五十五，真宗咸平六年（1003 年）九月壬辰条；（清）吴广成：《西夏书事》卷七。
⑤ 《宋史》卷四百八十五《夏国传上》。

## 第四节　灾害影响社会稳定与蕃部人民起义

在历史资料中仅记载了一次西夏的人民起义，而这唯一的起义主要是由灾荒引起的。

西夏仁宗朝前期，《天盛律令》颁布前不久的大庆四年（1143 年），西夏腹地发生了严重灾荒。首先是三月的大地震，人畜死者万数，紧接着四月夏州"地裂泉涌""林木皆没，陷民居数千"。虽然仁宗下令免租税，令有司修复居舍，但并未使人民摆脱灾难，饥饿威胁着缺乏食物的民众，"诸部无食，群起为盗"，终于爆发了大规模的人民起义。威州（今宁夏回族自治区同心县内）的大斌族，静州（兴庆府南）的埋庆族，定州（今宁夏回族自治区平罗县东南）的笆浪、富儿等族纷纷起义，起义各族多者万人，少者五六千人。这些都是党项族，他们不堪统治阶级的压迫和自然灾害带来的困苦生活，纷纷揭竿而起，势力很大。州将出兵镇压，仍不能奈何起义军。郡县连章告急，众大臣请兵讨伐起义军。枢密承旨苏执礼上奏：

> 此本良民，因饥生事，非盗贼比也。今宜救其冻馁，计其身家，则死者可生，聚者自散，所谓救荒之术即靖乱之方。若徒恃兵威，诛杀无辜，岂所以培养国脉乎？[1]

仁宗接受了苏执礼的建议，下令各州按视灾荒轻重，广立井里赈恤，以减轻灾害造成的饥馑，缓解人民的不满情绪。[2]

此外，仁宗同时采用武力剿灭起义军的措施。他派西平都统军任得敬讨伐起义军。任得敬派官员抚谕起义者，"宥其首恶，解散余党"，削弱起义军的力量。后来只有定州笆浪、富儿二族的起义军恃险拒守。任得敬夜晚

---

① （清）吴广成：《西夏书事》卷三十五。
② 《宋史》卷四百八十六《夏国传下》。

发兵袭其寨，擒获首领哆讹。最后，起义军领袖哆讹被杀，起义军失败。[①]

# 第五节　灾害和一些城市消亡

自然灾害有时会造成一些城市和堡寨的没落或消亡，这种城镇的消亡有时是天灾加人祸共同酿成的。西夏城市和堡寨的没落、消亡也多属于这种情况。

近年来国家对西夏文物进行了普查，其中包括古城寨遗址，宁夏回族自治区、甘肃省、内蒙古自治区和陕西省都有不少这类遗址，很多是文献上缺乏记载的古城。仅内蒙古自治区就有西夏时期的州城堡寨类遗址 70 余处，其地表往往有西夏时期遗物，证明这些遗址多毁弃于西夏及元代时期。

## 一　夏州

与西夏相关的最早的古城遗址应属夏州城。西夏建国肇始于夏州党项政权的兴起。夏州城本是公元 5 世纪时匈奴赫连勃勃所建，称为统万城。党项首领在唐末、五代至宋初都依托夏州城为首府，统领附近 4 州。北宋初年，统万城为西夏人所据，其后，宋与西夏交互占领夏州。宋淳化五年（994 年），宋军攻占夏州，宋太宗下令迁民毁城。两年后，宋至道二年（996 年）李继迁又围攻夏州，可见夏州仍是一座有军队、居民的城市。当年十月，"潼关西至灵州、夏州、环庆等州地震，城郭庐舍多坏"。这证明宋太宗迁民毁城后，夏州又有恢复，但又遇天灾地震。翌年十二月，宋真宗接受李继迁的请降，授其为夏州刺史，充定难军节度使、夏银绥宥静等州观察处置押蕃落等使。夏州又属李继迁。此后一段时间，"夏州"往往成为党项族政权的代名词。李继迁攻占灵州后，以灵州取代夏州为其统治中心。李继迁子德明建都兴庆府后，夏州是宋夏边界的城池之一。宋景德四年（1007 年），李德明与宋修好，并于绥州、夏州各建馆舍，曰"承恩"，

---

① （清）吴广成：《西夏书事》卷三十五。

曰"迎晖"，夏州成为与宋往来密切的边界城市。西夏正式立国后，夏州先后遭遇大灾。前述崇宗贞观十一年（1111 年）秋八月，兴州大水，"大风雨，河水暴涨。汉源渠溢，陷长堤入城，坏军营五所、仓库民舍千余区"。西夏仁宗大庆四年（1143 年）三月，地震。夏四月，夏州地裂泉涌。夏州长期为宋夏交界地，战争频仍，加之上述灾害不断，城市破损。夏州地位逐步下降，在仁宗修订的《天盛律令》中，夏州地位是末等司。[①] 西夏灭亡后，夏州逐渐废弃，成为无人居住的古城遗址（见图 3-12）。

图 3-12　夏州古城遗址

## 二　灵州

古灵州在今宁夏回族自治区吴忠市境内，也曾称灵武郡，在黄河东岸，始建于西汉惠帝四年（前 191 年），后为朔方节度使驻地。灵州是西夏连续占领、管辖时间最长的大城市。西夏统治灵州两个多世纪，其在西夏具有举足轻重的地位，在政治、经济、文化等方面都起到重要作用。

西夏中期的法典《天盛律令》表明，灵州设大都督府，是仅次于首都中兴府的大城市，设 6 大人正职、6 名承旨官员，并设刺史 1 名。此处还设

---

①　史金波、聂鸿音、白滨译注《天盛改旧新定律令》第十"司序行文门"，第 364 页。

转运司，属下等司，设 2 都案。① 西夏末期，成吉思汗率蒙古大军第六次攻打西夏，1226 年 11 月蒙古军围攻灵州，翌年西夏灭亡。②

因灵州在黄河岸边，遇大雨河水暴涨，往往遭受水灾。前述西夏奲都五年（1061 年）六月，灵州、夏州大水，"七级渠泛溢，灵、夏间庐舍、居民漂没甚众"，灵州城可能遭到损毁。又大安七年（1080 年），宋军围攻灵州 18 日，西夏皇太后梁氏"令人决黄河七级渠水，灌其营，军士冻溺死"。宋军围灵州，西夏决黄河渠水灌其军营，对灵州城造成何种影响，不得而知。

紧靠黄河的灵州城，其损毁有一个过程。西夏时期，灵州城遭受了不止一次的黄河危害，西夏灭亡后，经元至明。明洪武十七年（1384 年），古灵州城被黄河水淹没。

过去认为古灵州在今灵武西南。2003 年吴忠市出土唐《吕氏夫人墓志铭并序》（见图 3-13），其中记有"终于灵州私第""殡于回乐县东原"。回乐县是古灵州的治所，即与灵州同城而治，在此地出土的墓志铭证明古灵州在今吴忠市。③

**图 3-13　吴忠市出土古灵州唐《吕氏夫人墓志铭并序》**

---

① 史金波、聂鸿音、白滨译注《天盛改旧新定律令》第十"司序行文门"，第 367、369、374 页。
② 《元史》卷一《太祖本纪》。
③ 白述礼：《古灵州城址再探》，《宁夏大学学报》2013 年第 5 期。

明宣德三年（1428 年），于古灵州城东北"地土高爽"之地新建灵州城，即今宁夏回族自治区灵武市。

灵州是黄河岸边的大城市，由于大雨造成水灾，河水泛滥冲击城市，加之战争期间人为掘河水灌城，灵州城损毁较为严重。年长日久，这样一座上千年的古城不得不退出历史舞台，仅留下依稀可见的遗址。

### 三　韦州城

韦州是西夏时期的一座重要城池，位于今宁夏回族自治区同心县韦州镇老城。文献记载，西夏早期设有左右厢十二监军司，其中就有韦州静塞监军司。[①] 西夏中期的法典《天盛律令》中有关于监军司的记载，包括 17 个监军司，皆为中等司，其中也有韦州，并明确规定此州应派 2 正、1 副、2 通判、4 签判等 9 位官员，还设有 1 位刺史。[②] 苏州碑刻博物馆保存有刻于石上的宋代《地理图》，在图的西北部标有"党项夏国"，其境内标注有韦州。

韦州城城址平面呈长方形，东西长 571 米，南北宽 540 米，墙高 12～14 米、基宽 10 米。黄土夯筑，夯层厚 8～12 厘米。城墙四周有马面共 49 堵，间距 43 米，东西南北辟门。城内建有西夏时期砖塔和元代砖塔各 1 座（见图 3-14），曾发现西夏文人名题记砖（见图 3-15）等文物。

图 3-14　韦州古城遗址

图 3-15　宁夏同心县出土
西夏文人名题记砖

---

① 《宋史》卷四百八十六《夏国传下》。（宋）李焘：《续资治通鉴长编》记为"置十八监军司"，见卷一百二十，仁宗景祐四年（1037 年）岁末条。
② 史金波、聂鸿音、白滨译注《天盛改旧新定律令》第十"司序行文门"，第 369 页。

## 四　省嵬城

省嵬城是西夏时期修建的城市。西夏时期设置 17 个监军司，守卫全国。经专家考证，其中北地中军司所在地省嵬城负责保卫都城兴庆府的北部安全，前期为防御契丹，后期主要防备金和蒙古。

据专家分析，省嵬城毁于地震，西夏时期这一带发生大地震，明清两代又有大地震发生。《明史·五行志》载，明熹宗天启七年正月初一至二月初二（1627 年 2 月 16 日到 3 月 8 日），宁夏各卫、营、屯、堡"凡百余震，大如雷，小如鼓如风，城垣、边墙（即今长城）、墩台悉圮"。这次将近一个月的地震已经使"城垣、边墙、墩台悉圮"，应该说对省嵬城造成了极大的破坏。又据《宁夏府志》载，清乾隆四年十一月二十四日（1739 年 1 月 30 日）戌时"宁夏地震，由北向南，地如奋跃，土皆坟起，平罗北新渠、宝丰二县多断裂，三县城垣、堤坝、屋舍尽倒，压死官民男妇五万余人"。这次八级大地震的危害性极大，红果子长城山坡段两处"错位"，这对省嵬城的破坏也是极大的。

省嵬城现仅存遗址（见图 3-16）。遗址位于宁夏回族自治区石嘴山市惠农区庙台乡境内。城址略呈方形，城墙为黄土夯实，残墙高 2~4 米、基宽 13 米。北墙长 588 米，南墙长 587 米，东墙长 593 米，西墙长 590 米，目前发现南面城墙开一城门，城门只有一个门道，宽约 4 米，长 13 米。门洞两侧铺一层不甚规整的长条石作为基础，其上有 4 个圆形石柱础。门道中有一石门槛，用较规整的条石做成，高出地面 0.3 米。石门槛两侧各有一个石门枕，上有沟槽，似安门框的地方，沟槽北面有一半圆形的孔，为承门枢的轴孔。遗址最高处是一座 4 米多高的烽火台。

1965 年，宁夏博物馆工作人员在此挖掘出唐、宋、西夏等朝钱币、古陶瓷器及铁器。该遗址已被列为宁夏回族自治区重点文物保护单位。2013 年 5 月，经过国家文物局认定，国务院将其列为全国重点文物保护单位。重要的是，这里还出土一具瓷制秃发人头，由于李元昊早在 1033 年下秃发令，所以这件文物更显得弥足珍贵（见图 3-17）。考古人员还发现，除南城门遗址发现少量的砖、瓦等建筑材料外，遗址中未见砖瓦，表明城内居民的住房绝大部分为土屋。

图 3-16　省鬼城遗址

图 3-17　宁夏省鬼城出土秃发瓷人头像

## 五 西安州

西安州是宋朝和西夏交界的州城。宋置西安州，在今宁夏回族自治区海原县城西约 20 公里处，背靠天都山，前临锁黄川。古城筑于宋夏交锋时期，宋太宗雍熙二年（985 年），天都山一带被西夏占据。1042 年，西夏在天都山下（今黄湾村）修建了 7 座豪华壮丽的大殿，内府库馆舍齐备。西夏景宗元昊和宠妃没移氏宴乐其中。后西安州为宋朝所得。西夏崇宗乾顺时进攻西安州，西安州州判任得敬率兵民出降，乾顺命其权知州事。任得敬因所献之女成为崇宗妃，被擢为静州防御使，后出将入相，竟成为西夏一代权臣。

西安州在明清时曾重修，现存古城遗址经历 1920 年海原大地震后，北城倾斜严重，后成为无人居住的古城遗址。此城的废毁虽未在西夏时期，但西夏时期此城处于宋夏双方反复争夺之地，受到的破坏不难想象。后来，此城的没落仍与灾害有关。今天的西安州城，已是残垣断壁，北城倾塌严重，城墙仅存 2 米多高的漫坡状土垒，南城现存状况较好，城之四周可见当年的护城壕痕迹。现存城墙墙体为长方形，残高 4~8 米，城墙每 50 米就有一个马面，共有 38 个，四面建角楼，东西开城门，其建筑带有典型的宋朝风格（见图 3-18、图 3-19）。

图 3-18 西安州古城遗址

图 3-19　西安州古城遗址近景

## 六　瓜州

西夏时期的瓜州是瓜州监军司所在地，也是一座被废弃的古城，即锁阳城遗址。该遗址位于甘肃省酒泉市瓜州县（原名安西县）锁阳城镇东南的戈壁荒漠中，地处河西走廊西端，疏勒河的昌马冲积扇西缘。

锁阳城遗址遗存类型丰富、规模宏大。该城始建于西晋，唐武德五年（622 年）设瓜州。西夏建国前，这里就已经为党项政权所占有。西夏建国后，在此设立西平监军司，西夏《天盛律令》中记为瓜州监军司，为中等司，设 1 正、1 副、2 通判、3 签判等 7 名官员，还设刺史 1 人，中等司衔。这里又设边中转运司，为下等司。①

在瓜州附近的榆林窟中有西夏瓜州监军司的官员及其眷属的供养像。瓜州、沙州、肃州为西夏西北部的边远地区，这里地近腾格里沙漠和巴丹吉林沙漠，风急沙大，干旱少雨，荒漠连片，是难以耕作之地，人烟稀少。前述西夏时期瓜州曾遭受大旱灾害。西夏灭亡后，这里逐渐荒芜败落，成为古城遗址。

锁阳城城址由内城、外城及羊马城组成。锁阳城墙垣残迹现在依然清晰可见，外城呈不规则长方形，较为残破，从北、西、东三面包围内城。内城

---

① 　史金波、聂鸿音、白滨译注《天盛改旧新定律令》第十"司序行文门"，第 369、370 页。

四角保存有较完整的角墩，西北角墩特别高大，至今仍高约 18 米，成为锁阳城最显著的标志。内城开设城门 4 座，门前皆置有瓮城（护卫城门的小城）。

瓜州遗址是集古城址、古佛寺遗址、古渠系和古垦区、墓葬群等多种遗迹为一体的考古遗址，它保存了中国古代最为完好的军事防御体系和农业灌溉水利体系，同时也保存了古代较为完整的军事报警系统和城市建筑系统，具有重要的研究、保护和利用价值。锁阳城遗址 1996 年被国务院公布为第四批全国重点文物保护单位，2010 年被国家文物局列入第一批国家考古遗址公园立项名单，2012 年被国家文物局列入"丝绸之路起始段和天山廊道"申遗点，2014 年 6 月 22 日在卡塔尔多哈召开的联合国教科文组织第 38 届世界遗产委员会大会上作为"丝绸之路：长安—天山廊道的路网"当中的遗产点被录入《世界遗产名录》（见图 3-20、图 3-21）。

图 3-20　西夏瓜州古城遗址

图 3-21　2016 年考察西夏瓜州古城遗址

### 七　黑水城

黑水城作为西夏的重要城市，位于黑水河畔，并因其而得名。黑水城属西夏西北经略司管辖，是黑水监军司所在地。西夏《天盛律令》规定，监军司属中等司。① 黑水城在西夏并未发生过重大历史事件，少为世人瞩目。然而1908～1909年以科兹洛夫为首的俄国探险队在黑水城遗址的重大发现却使该城名声大振。他们在西城外一座佛塔内发现了8000多个编号的西夏文文献和大量汉文文献以及很多西夏文物。②

黑水流域在西夏西北部，是河西走廊北部的屏障。西夏在水量丰沛的绿洲发展农业和畜牧业。无论从军事上还是经济上，此地对西夏都十分重要。因此，西夏于黑水河畔建置新城，作为西夏十二监军司之一黑水镇燕军司的治所，称为黑水城，西夏语称"额济纳"。"额济"，"水"意，"纳"，"黑"意，"额济纳"即"黑水"意。黑水城东北是居延泽，依河望海，虽处戈壁大漠之中，却是农牧两旺之乡。

黑水有灌溉之利，黑水城一带的农业主要靠黑水的渠道灌溉。但黑水也往往发生水灾。仁宗乾祐年间黑水河在甘州一带"年年暴涨，飘荡人畜"，水患不浅。因这里地处干旱地带，旱灾更容易发生。

黑水城出土的文献中有大量西夏文社会文书，其中不少借贷和买卖契约表明，此地的许多农民在春夏之际借贷粮食或变卖家产度日，可能是前一年遇到大的灾荒。黑水城出土的西夏晚期的守城将领的告牒（见图3-22）描述了黑水城的凄惨状况，其中有"黑水城缺粮，惟仁勇原籍司院不准调运鸣沙窖粮，远边之人，贫而无靠，惟恃食禄各一缗。所不足当得粮无着，今食粮将断，恐致羸瘦而死"。证明黑水城逐渐成为居住困难的城市。③

---

① 史金波、聂鸿音、白滨译注《天盛改旧新定律令》第十"司序行文门"，第369、370页。
② 史金波：《黑水城和西夏学》，景爱主编《辽金西夏研究年鉴 2009》，学苑出版社，2010。
③ 西夏文 Инв. No. 2736 乾定申年黑水城守将告牒，出土于内蒙古自治区额济纳旗黑水遗址，今藏俄罗斯科学院东方文献研究所手稿部，卷子，高41.3厘米，宽58.3厘米，西夏文18行，首行有黑水城守将职称、姓名"守黑水城勾管为者赐银牌都平内宫骑马波年仁勇"，末行有"乾定申年（1224年）六月"年款，有署名。

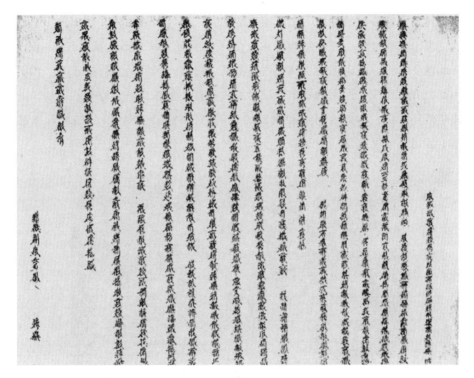

**图 3-22　黑水城出土西夏文 Инв. No. 2736 乾定申年黑水城守将告牒**

西夏灭亡后，元代忽必烈至元二十三年（1286 年）建立了亦集乃路，在黑水城设立了总管府。"亦集乃"是"额济纳"的同音异译字，仍保留了西夏党项语的称呼。黑水城在元代得到大规模扩建。北元时期，这里仍是蒙古人占据的重要据点。北元时期设立了肃州分省，而且分省后来一度移驻黑水城。北元初期，亦集乃路与中原和河西走廊的联系大大减少甚至基本中断，从中原及河西走廊败退的军队和官员，云集在这个荒漠小城，使本来经济比较贫困的亦集乃路处境更加艰难。

洪武五年（1372 年），明朝征西将军冯胜攻破黑水城时，随即放弃了这一地区。有的学者认为，当时明军堵塞了黑水城以上 10 公里处的河道，使河水由向东北改道向北流去，于是绿洲逐渐退化为戈壁和沙漠，黑水城变成死城。有的专家提出明军把投降的北元官员、军队及农业人口迁走，使黑水城人去城空，成为死城。黑水城从此在尘封的历史里一直沉睡了五六百年。那潺潺流淌的黑水，五谷飘香的农田，车水马龙的街市，人声鼎沸的市场，晨钟暮鼓的寺庙，书声琅琅的学府，已经永远消弭在历史长河中。

黑水城遗址位于额济纳旗境内，黑水城平面为长方形，东西长434米，南北宽384米。西南部的小城为西夏黑水城遗址，大城是元代扩建的。城墙用黄土夯筑而成，残高约9米，城西北角建有一覆钵式塔，原有的街道和主建筑依稀可辨，四周古河道和农田的残貌仍保持其轮廓。部分城段黄沙已压上城墙，可见这里的干旱和风沙灾害严重（见图3-23～图3-25）。

图 3-23 黑水城遗址

图 3-24 黑水城遗址（远景）

图 3-25 黑水城一带枯死的胡杨

## 八 绿城

与黑水城在汉文和西夏文文献中都有记载不同，绿城是至今未找到文献明确记载的一个城市遗址（见图 3-26）。该遗址位于达来呼布镇东南 45 公里的戈壁滩上，在黑水城遗址东部，是一座椭圆形的城址，设有内城和外城，面积约 12 万平方米，城址的东北角有类似瓮城的建筑。附近还有不同时期的大规模的复合型遗存。这一地区有西夏高台建筑 60 余座，庙址 5 处，土塔 5 座，分布着大量汉晋墓葬和各时期的房屋、屯田遗址。此外，地表层还有夹砂粗红陶、红底黑彩陶片等。绿城属大型复合型遗址，是迄今为止在额济纳旗境内发现的西夏时期建筑群落最为集中的一处。在方圆 10 公里范围内分布有城池、民居、庙宇、佛塔、土堡、瓷窑、墓葬群、屯田区和军事防御设施等。与城池毗邻的绿庙遗址，面积大，布局合理，共发掘出 10 多尊泥塑佛像和多部西夏文经卷。

城址平面略呈方形，周长 1205 米，城垣夯土版筑，夯厚 11~14 厘米。墙基残宽 3.5 米，残高 2 米许。北城垣东部置门，有瓮城。城内西部有一座覆钵式喇嘛塔，已残。城内有已崩塌的类似土塔残址。南垣内侧有一渠道穿城而过。城内文化层可分为上下两层。有学者认为，上层为西夏元代层，

图 3-26　绿城遗址

下层从出土灰陶片、砖瓦碎块及绳纹、旋纹、水波纹等考察，似为汉晋时代遗址，可能是汉代居延县城遗址。县城的主要职能应为管理移民，组织农业生产，以建立控制西域的根据地。绿城遗址周围广阔的古垦区，有力地证明了这一点。

　　绿城因 1993 年出土了一批西夏文文献和彩塑泥塑像等西夏文物，而被确认为西夏时期的一座城市遗址。绿城和黑水城一样，虽有水渠灌溉，但整体自然条件干旱，沙化严重，城周墙体和城内遗迹大部分坍塌、消失，渠道淤沙呈土垄状或形成沙丘（见图 3-27）。

图 3-27　绿城中的水渠遗址

## 九　新忽热古城

新忽热古城位于乌拉特中旗新忽热苏木政府所在地北 1 公里处，占地面积达 1 平方公里，是阴山北部地区汉代长城附近的一座大型古城，被国务院确定为第七批全国重点文物保护单位（见图 3-28）。新忽热古城平面为正方形，东西长 950 米，南北宽 950 米，城墙为土夯，南墙与东墙各设宽 12 米城门，城墙裸露地面，高低残缺不一，城墙为土夯而成，褐黏土夯层层次清晰可辨，最高处为 8 米（见图 3-29）。

图 3-28　新忽热古城遗址全景

图 3-29　新忽热古城遗址残存墙体

有专家考证，该城是汉武帝在 2000 多年前下令修建的"受降城"。西汉太初元年（前 104 年），汉武帝为接应匈奴左大都尉而筑受降城，后匈奴左大都尉政变未遂，被单于诛杀，但留下了此城。

通过对城内采集到的汉代陶片、唐代钱币、西夏陶器残片等文物的分析，可判定该城应当始建于西汉时期，历经北朝、唐、西夏等历史阶段，已经有 2000 多年的历史。据专家分析，西夏时期这里可能是黑山威福军司驻地兀剌海城。这里干旱少雨，经常发生灾荒，西夏以后逐渐变为无人居住的死城，留下了这座古城遗址。①

---

① 史金波总主编，塔拉、李丽雅主编《西夏文物·内蒙古编》，中华书局、天津古籍出版社，2014，第 1 册，"本编概述"第 1 页；第 2 册，"新忽热古城遗址"，第 369~380 页。

# 第四章　救灾防灾措施

不断发生的自然灾害，既影响着普通人民的生活，也影响着社会的稳定，同时还影响着西夏的国力和军力。西夏统治者对自然灾害也十分重视，建立起比较完善的减灾管理体制和运行机制，具备了一定的灾害监测预警、防灾备灾、应急处置、灾害救助、恢复重建的能力，同时也进行了减灾法制建设。中国是灾害频发地区，也是救灾防灾经验很丰富的国家。历史上各王朝都有很多有效的救灾防灾措施。西夏的防灾减灾吸取了历史上的有益经验。

## 第一节　西夏以前历代救灾防灾措施

中国自然条件十分复杂，灾害不断发生。作为一个农业、牧业兼营的大国，长期以来对防灾、救灾逐渐形成了很多行之有效的措施。

早在秦汉时期，统治者已经开始实施一系列防灾和备灾措施。其中主要有兴修水利、发展农业和保护环境等，但这些措施只能尽量减轻人为因素对自然环境的破坏，且对于地震灾害的作用并不像水旱灾害那么明显。备灾措施主要是兴建仓储，储粮备荒。秦和两汉都在中央和地方兴建了许多粮仓储备粮食，并建立了一套完备的仓储制度。

灾害发生时，政府需要及时做出反应。首先是赈恤和廪贷，这是一种针对灾民的临时救济。赈恤是无偿赠予，通常是粮食、日常用品等，也有直接赐钱的情况。如汉代安帝建光元年（121 年）地震时，"赐死者钱，人二千"。[1] 廪贷则是指假贷贫民，是一种有息或无息的借贷，可解灾民一时之急。

---

[1]　《后汉书》卷第二十六《五行志四》，中华书局点校本，1965。

减免赋税也是一种重要的赈灾方式。在重视农业生产的古代社会，统治者会根据受灾的严重程度减免农民的赋税，譬如，在两汉时期，因受灾而粮食减产在 50% 以上的，可免去全年田租，不满此数的则按实际受灾程度减免。

救灾之后是灾后重建工作，为避免灾害之后大批灾民流离失所造成社会不稳定，中央政府往往积极安置流民，组织灾民进行生产及自救，具体措施包括免除赋税徭役、赐予钱物、假民公田让灾民耕种等。在灾情严重时，皇帝还会开放山泽苑池（皇帝私人花园或者国有地区）任百姓采猎。

唐代基本沿用秦汉时期的做法。唐前期，建立了从中央到地方较为完备的水利管理机构，中央由尚书省工部的水部司和都水监负责，地方则由地方州县长官管理。唐代也建设仓储，积谷备荒。"凡义仓之粟，唯荒年给粮，不得杂用。若有不熟之处，随须给贷及种子，皆申尚书省奏闻。""凡义仓所以备岁不足，常平仓所以均贵贱也。"此外，还有正仓、太仓等其他仓储做补充赈灾之用。①

唐朝人受"灾异天谴论"和"阴阳五行灾异说"思想的影响，在灾害发生时，首先要进行祈禳，希望通过祭祀名山大川、庙宇、各路神仙等方式感动上天、驱除灾害、转危为安。政府祈禳的负责者是从中央到地方的各级官员，皇帝、太子、宰相等都会参与其中。

在祈禳的同时，政府也采取一系列实际救灾措施。如向灾民发放粮食、食盐、布匹等救灾物资以维持人民生活。其方式比秦汉有了一定发展，除无偿赠予和借贷之外，还有赈粜（又称贱粜），即政府在灾后将粮食以低于市场价格的方式卖给灾民。此外还有工赈，即政府在灾后地区雇用当地灾民兴修公共建筑，以工代赈，解决部分灾民的生计问题。

唐代的灾后恢复和重建也有具体措施。如掩埋亡民遗体，赐给棺木，帮助修建房屋，赐给医药、耕牛、粮种，帮助赎出因灾荒卖掉的子女；同时蠲免租税，以免灾民后顾之忧。唐朝政府在灾后鼓励灾民返乡，以保障灾后重建所需要的人力。

比西夏建国早的北宋，救灾措施又有了新的进展。不仅继承前代有效的

---

① 《旧唐书》卷四十三《职官二》。

赈灾措施，如赈给、赈贷、蠲免，还使救灾程序逐渐制度化和规范化。这对于后代都有极大的借鉴意义。[①]

## 第二节　兴修水利与储粮备荒

西夏地望原是宋朝的一部分，继承了很多中原地区的政治、经济、文化制度和成熟的治理经验，在赈灾方面也尽量效法、模仿中原王朝。

与中原王朝一样，西夏也把自然灾害的发生和上天神的意志联系起来，认为自然灾害是神的示警。当灾害发生时，往往首先是祈神禳灾。如西夏大安十一年（1084年），银州、夏州遭遇大旱，自三月至七月无雨，日赤如火，田野龟坼，禾麦尽槁，造成大饥荒。惠宗派官员祈禳二十日，以图消除灾荒。此举当然未起到禳灾作用，民众依然大饥。[②] 对自然灾害产生恐惧是宗教信仰的认识根源之一，西夏统治者提倡佛教，民众普遍信仰。在西夏刻印的多种佛经所附发愿文中，最后往往祝愿和祈祷"五谷成熟"。

西夏统治者除祈神禳灾外，也借鉴中原王朝的经验，采取了不少实际的救灾措施。

### 一　兴修水利

自然灾害严重影响农业生产，有时两种灾害同时发生，往往造成绝收。当时人们也用兴修水利等方法发展农业，抵御自然灾害，但远离河流、缺乏水源的地方只能靠天吃饭，对灾害的抗御能力极其微弱。

#### （一）修建灌溉渠道

西夏有很多干旱的地区，水利对农业生产有至关重要的作用。西夏的一些地区可借助河流兴灌溉之利。《文海》对"农"字的解释为："农耕灌溉之谓。"对"渠"的解释为："挖掘，地畴中灌水用是也。"[③] 灌溉在西夏农业中

---

[①] 李华瑞：《宋代救荒史稿》，第九章"宋代荒政决策的发展与变化"，天津古籍出版社，2014。
[②] （清）吴广成：《西夏书事》卷二十七。
[③] 史金波、白滨、黄振华：《文海研究》，79.121，第633页；9.142，第404页。

有突出地位，成为西夏的农业命脉，特别是河套一带利用黄河（见图4-1）开渠灌溉，成为西夏粮食生产的主要基地。西夏地区支引黄河水灌溉的水渠在汉代有汉延渠、唐朝有唐徕渠。这些渠道在西夏时期依然被利用，而且还是主要的大渠。《天盛律令》涉及灌溉、修渠时多次提到汉延渠、唐徕渠。

图4-1　宁夏银川一带的黄河

西夏为了保障农业收成稳定，还开辟新渠，早在李继迁时期就在有限的地域内修渠灌田。宋咸平五年（1002年）李继迁攻下灵州后，夏州自上年八月至当年七月久旱不雨，五谷不收。当时党项统治者在政权和统治地域并不稳定的局面下，便能认识到农业和灌溉的重要性，为长久之计，兴修水利。李继迁下令修筑黄河堤坝，提高水位，引水注入旧渠，灌溉农田。不巧的是，堤坝刚刚筑好，八月适遇大雨，九昼夜不止，河水暴涨，堤防四决，使这次筑堤没有达到预期效果，反而成为水害。① 以后西夏曾多次兴修堤防，筑造新渠。

为解决贺兰山东麓沿山荒地的灌溉问题，景宗元昊时期新修筑了自今青铜峡至平罗的水利工程，即后来著名的昊王渠，也称李王渠。昊王渠引黄河水，起自青铜峡市峡口乡，经银川市进入平罗境内，沿贺兰山东麓，流经今宁夏吴忠、永宁、银川、贺兰、平罗等市、县，全长300余里，最宽处达20余米，为宁夏回族自治区区级文物保护单位（见图4-2～图4-4）。②

《天盛律令》曾提到"唐徕、汉延、新渠诸大渠等"。③ 其中"新渠"大概

---

① （宋）李焘：《续资治通鉴长编》卷五十四，真宗咸平六年（1003年）五月壬子条；（清）吴广成：《西夏书事》卷七。
② 史金波总主编，李进增主编《西夏文物·宁夏编》，中华书局、天津古籍出版社，2016，第2351～2390页。
③ 史金波、聂鸿音、白滨译注《天盛改旧新定律令》第十五"渠水门"，第501页。

就是指西夏时期修造的昊王渠，为了有别于旧有的汉、唐水渠，便称为新渠。

青铜峡市的昊王渠遗址在邵岗镇一段，长 113 公里，渠宽 12 米，深 0.5~1.5 米。

图 4-2　昊王渠青铜峡市段

图 4-3　昊王渠永宁县段

图 4-4　昊王渠西夏区段

昊王渠中以贺兰—平罗县的一段保存较好,渠底宽 30 米,渠上宽 15 米,下宽 25 米,高 3.5 米,其余大多地段已被开垦成农田(见图 4-5)。

**图 4-5　昊王渠贺兰县段**

平罗县境内的这段遗址,有些地方已被风沙填为平地,有些地段已开垦成农田。其中崇岗镇暖泉村一队、二队至长青村 3~5 公里保存较好。渠形、渠堤、渠底清晰可辨,渠堤尚完好。渠底宽 30 米,渠上宽 15 米,下宽 25 米,高 3.5 米(见图 4-6)。

**图 4-6　昊王渠平罗县段**

《嘉靖宁夏新志》载:"靖虏渠,元昊废渠也。"明弘治十三年(1500 年)

巡抚都御史王珣为绝虏寇，又对昊王渠进行修浚，并更名为靖虏渠。[①]

　　黑水城地区靠河水灌溉。在黑水城出土的卖地契中，涉及一些当地灌渠的名称，这为研究当时的水利设施提供了具体资料。有一契约长卷 Инв. No.5124，是西夏天庆寅年（1194）正月末至二月初的 23 件契约，有卖地契、租地契、卖畜契、雇畜契以及贷粮契，此契约长卷为多纸横向粘接而成，其中卖地契 8 件。卖地契约中土地的四至涉及水渠名称。[②] 其中有：渠尾左灌渠、普刀渠、灌渠、官渠、四井坡灌渠、酩布坡渠灌渠、南渠等。通过这些渠名可以看出当地的水渠体系比较复杂，有官渠，也有以族姓命名的渠道，如普刀、酩布皆是党项族姓。这些以族姓命名的渠道是否不同于官渠而属于家族所有尚待考证。有的以方位称呼，如南渠。渠尾左灌渠、四井坡灌渠具有什么含义则有待考察。[③] 前述黑水城出土的户籍手实所列耕地中有记录水渠名称，如新渠、律移渠、签判渠、阳渠、道砾渠等。黑水城外的土地情状见图 4-7。

图 4-7　黑水城外的土地

---

① （明）胡汝砺编，管律重修，陈明猷校勘《嘉靖宁夏新志》卷一"山川"。

② 俄罗斯科学院东方研究所圣彼得堡分所、中国社会科学院民族研究所、上海古籍出版社编《俄藏黑水城文献》第 14 册，第 13～22 页。此契约长卷为多纸横向粘接而成，因年代久远，有的粘连处分开，共拍摄成 18 拍照片。经按契约时间和内容整理，实际为 3 段。各段顺序为：第一段 2、3 拍；第二段（前残）1、6 左、7、8、9、10、11 左拍；第三段 4、5、6 右、11 右、12、15、13、14、16、17、18 拍。

③ 史金波：《黑水城出土西夏文卖地契研究》，《历史研究》2012 年第 2 期。

图4-8 黑水城出土不同卖地契中记载的日水、细水、半细水

在契约长卷的 8 件卖地契中，有 7 件于契约后部记载土地税数额一行字的下方，写有 2 个或 3 个西夏字，似与上下文并不搭界，易被忽略。如邱娱犬、梁老房酉卖地契中记𤕯𤕯（日水）2 字，恶恶显令盛、梁势乐酉、梁势乐娱、每乃宣主卖地契皆记𤕯𤕯（细水）2 字，平尚岁岁有卖地契记𤕯𤕯毛（细水半、半细水）3 字（见图4-8）。

这些记录的应是此块地的灌溉给水状况。结合各契约卖地数额看给水状况也许是有意义的：邱娱犬卖撒 20 石种子的地、梁老房酉卖撒 15 石种子的地，用"日水"；恶恶显令盛卖撒 8 石种子的地、梁势乐酉卖撒 10 石种子的地、梁势乐娱卖撒 5 石种子的地、每乃宣主卖撒 15 石种子的地，用"细水"；平尚岁岁有卖撒 5 石种子的地，用"半细水"。通过上述数字可以发现一个规律：土地面积大，或许在撒 10 石种子以上的地给"日水"；土地面积中等，撒 5~10 石种子的地给"细水"；土地面积小，或许在撒 5 石种子以下的地给"半细水"。这些在卖地契约中关于给水的简短记载，证明这些土地都是水浇地，并且可推定黑水城当地依据耕地面积的大小给水。[1]

西夏政府提倡于荒地上开垦新耕地，在有灌溉条件的新开土地上也可开渠。《天盛律令》规定：

> 诸人有开新地，须于官私合适处开渠，则当告转运司，须区分其于官私熟地有碍无碍。有碍则不可开渠，无碍则开之。[2]

政府准许开新地、新渠，但明确规定新开渠道不能妨碍已有的官私熟地。

在"渠水门"中不仅具体规定从大都督府至定远县沿诸渠干应派渠水巡检、渠主 150 人，还对巡检事宜做出详细的规定：

---

① 史金波：《黑水城出土西夏文卖地契研究》，《历史研究》2012 年第 2 期。

② 史金波、聂鸿音、白滨译注《天盛改旧新定律令》第十五"渠水门"，第 502 页。

　　诸沿渠干察水渠头、渠主、渠水巡检、夫事小监等，于所属地界当沿线巡行，检视渠口等，当小心为之。渠口垫板、闸口等有不牢而需修治处，当依次由局分立即修治坚固。若粗心大意而不细察，有不牢而不告于局分，不为修治之事而渠破水断时，所损失官私家主房舍、地苗、粮食、寺庙、场路等及役草、笨工等一并计价，罪依所定判断。①

　　垫板、闸口等不牢，预先不告、不及时修理要予以处罚。其下又分 5 小条以 600 余字更详尽的分类，来确认正误，明晰功过。把修渠时渠口的垫板和闸口要修治牢固都不厌其烦地明确写入国家的重要法律，西夏法典实属独树一帜。

　　灌溉时渠水要从大渠通过支渠、小渠逐级细分灌溉到农田中去。大渠水注入小渠时要开设闸口和垫板。闸口和垫板是渠道的关键部位，《天盛律令》中有明确规定：

　　每年春开渠大事开始时，有日期，先局分处提议，夫事小监者、诸司及转运司等大人、承旨、阁门、前宫侍等中及巡检前宫侍人等，于宰相面前定之，当派胜任人。自□局分当好好开渠，修造垫板，使之坚固。事始自夏季，至于冬结冰，当管，依时节当置灌水之人。若水险而眼心未至时，应另派排水之人则当派。渠水巡检、渠主等当紧紧指挥，令依番灌水。若违律，应予水处不予水而不应予水处予水时，有官罚马一，庶人十三杖。②（见图 4-9）

　　在修造渠道的同时，为了交通的便利，在不同的渠道上还要修建大道、大桥、小桥，对这些交通设施要维修、保护，不准破坏，这证明当时西夏的渠道和交通已形成实用、合理的网络，也有了相应的管理措施。西夏政府还规定，沿渠道两旁应种植柳、柏、杨、榆等树种，要保护树木，破坏树木者要受处罚。这一方面加固了渠道，另一方面还令其成材，增加木材资源。③ 由此可

---

　　① 史金波、聂鸿音、白滨译注《天盛改旧新定律令》第十五"渠水门"，第 499 页。
　　② 史金波、聂鸿音、白滨译注《天盛改旧新定律令》第十五"催租罪功门"，第 494 页。
　　③ 史金波、聂鸿音、白滨译注《天盛改旧新定律令》第十五"渠水门"，第 501 页。

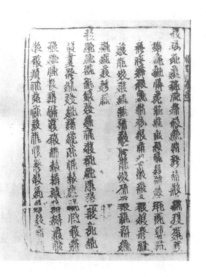

图 4-9　西夏文《天盛律令》中关于灌溉的规定

见，西夏政府注重灌溉、交通、安全、环境等综合性管理，特别有意识地提倡植树造林，并采取了有力的法律措施。

汉文本《杂字》"农田部"中有渠河、浇灌、堤堰、沟洫、官渠等词①，表明西夏灌溉技术和水平与中原地区大体相同。

**（二）加强渠道管理**

西夏政府注重农业，对作为粮食生产命脉的水渠的修治十分重视。西夏人编著的西夏文谚语《新集锦合谚语》中有"天雨不来修水渠"的记载，② 意思是雨季还没有到来时，就要修整水渠；或天不下雨时赶紧修渠准备灌溉。引河水灌田是西夏抵御旱灾的主要手段。

西夏时期对灌溉和水渠的管理已经制定出一套科学、系统、严格的制度，形成了有效保护渠道的社会习俗。西夏的水渠从主干大渠道至供水细渠，有完备的系统。西夏法律对于修整渠道有明确具体的规定。在《天盛律令》第十五中有"催租罪功门""春开渠事门""养草监水门""纳冬草条门""渠水门""桥道门""地水杂罪门"，其中有很多条目涉及修渠、灌溉和渠道管理。

---

① 史金波：《西夏汉文本〈杂字〉初探》，白滨等编《中国民族史研究》（二）。
② 陈炳应：《西夏谚语——新集锦成对谚语》，第 10 页。

西夏把每年春天开渠名为"大事"。开渠大事开始时，由政府部门制订修渠计划，诸司及转运司等部门的官员在宰相面前议定，派能胜任者为夫事小监，董理渠事，使"好好开渠，修造垫板，使之坚固"。根据农主土地的面积规定了不同的劳役日数。《天盛律令》规定：

> 畿内诸租户上，春开渠事大兴者，自一亩至十亩开五日，自十一亩至四十亩十五日，自四十一亩至七十五亩二十日，七十五亩以上至一百亩三十日，一百亩以上至一顷二十亩三十五日，一顷二十亩以上至一顷五十亩一整幅四十日。当依顷亩数计日，先完毕当先遣之。①

黑水城出土的 Инв. No. 5067、Инв. No. 7415-1、Инв. No. 5282 税收文书记载了有不同面积土地的农户出劳役的天数，土地越多，出工天数越多，其负担"役"的天数与《天盛律令》规定京畿内诸租户春开渠事的役工负担相同。看来此种役工不仅适用于西夏首都畿内一带，也适用于属于地边的黑水城地区。②

西夏各户出工修渠最多不超过 40 日，40 日内必须完成。依土地多寡计修渠出工日数，这在管理上是比较合理的。利用水渠的农民修渠时，20 人中抽派 2 名职人，即 1 名和众、1 名支头，负责组织管理。由西夏法律明文规定和黑水城的基层税账都可看出西夏对修渠非常重视，规定细致，管理严格。

西夏法典对灌溉的管理也很细致：

> 事始自夏季，至于冬结冰，当管，依时节当置灌水之人。若水险而眼心未至（粗心大意）时，应另派排水之人则当派。③

在干渠负责管理渠水的是渠水巡检和渠主。自大都督府（府衙在灵州）至定远县（今宁夏回族自治区平罗县）有渠水巡检、渠主 150 人，"渠水巡

---

① 史金波、聂鸿音、白滨译注《天盛改旧新定律令》第十五"春开渠事门"，第 496~497 页。
② 史金波：《西夏农业租税考——西夏文农业租税文书译释》，《历史研究》2005 年第 1 期。
③ 史金波、聂鸿音、白滨译注《天盛改旧新定律令》第十五"催租罪功门"，第 494 页。

检、渠主等当紧紧指挥，令依番（次）灌水"。农民的土地若应得到水而未得到水时，可以上告。若排水有误，要追究责任。若主管受贿徇情，也要受到处罚。法律还规定要派遣渠头，并明确大渠每千步堆土立石碣，上书责任人名字，渠破后造成人、财、物损失的要追究责任。渠道上所用草、木料要按时交纳，并妥善保护、使用等。

西夏法律还详细规定了夫事小监、渠水巡检、渠主、渠头沿渠干查水的要求和具体责任，管事人要沿线巡行，检视渠口，对渠口、垫板尤其注意修治坚固。渠头是管理水渠的最基层负责人。若当值渠头没有昼夜在渠口，放弃职事，渠口破而水断时，将损失折成钱数，依数量多少分别判处3个月直至12年徒刑乃至死刑。此外，对于挖渠工、头监的职责，违章灌溉等项，都有细则论述，对著名的唐徕渠、汉延渠的管理尤为重视。法律中还特别规定节亲（亲王）、宰相及其他有地位的任何人不准殴打渠头，依势强行用水而不依次放水。这一规定从另一个角度证明西夏贵族有依仗权势为自己所属的土地无理索水的现象。渠断破时，渠头和索水者都要依损失大小受不同的处罚。不难看出，西夏对修渠、灌溉的重视，以及在具体管理上的细致、完善程度。

《天盛律令》在有关渠道管理条款中（见图4-10），多次提到大都督府及其转运司。从大都督府所在地灵州至平罗一段处河套平原，是引黄灌溉受益最大的地区，也是西夏的主要粮仓之一。西夏政府在法典中对这一地区的灌溉特别重视，表明这一带在西夏农业中占有特殊地位。[①]

《天盛律令》规定：

> 大都督府至定远县沿诸渠干当为渠水巡检、渠主百五十人。先住中有应分抄亦富分抄，有已超亦当减。其上未足，则不任独诱职中应知地水行时，增足其数，此后则不许渠水巡检、渠主超。若超派人数及另超等时，为超人引助者处及超派人所验处局分大小等，一律依转

---

① 史金波、聂鸿音、白滨译注《天盛改旧新定律令》第十五"催租罪功门""春开渠事门""养草监水门""纳冬草条门""渠水门""桥道门""地水杂罪门""收纳租门"，第493~509页。

院罪状法判断。

沿渠干察水应派渠头者，节亲、议判大小臣僚、租户家主、诸寺庙所属及官农主等水□户，当依次每年轮番派遣，不许不续派人。若违律时有官罚马一，庶人十三杖。受贿则以枉法贪赃论。

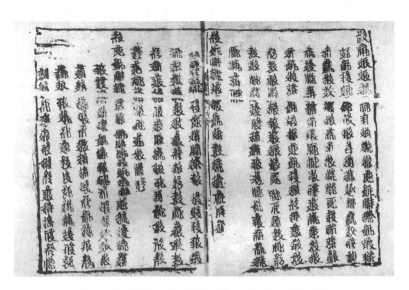

图 4-10 西夏文《天盛律令》中关于水渠的规定

西夏的灌溉耕地以河套平原为主，但其他地区也有灌溉之利，如黄河上游的一些地段，河西走廊的黑水河流域。在黑水城出土的一件 Инв. No. 8203 号户籍手实中，记载了一户有四块地，一块接新渠，一块接律移渠，一块接习判渠，一块场口杂地，四块地中有三块接水渠（见图 4-11）。另一件户籍手实 Инв. No. 7893-9 号记一个中等军官行监的家庭有四块地，一块接阳渠、一块接道砾渠、一块接律移渠、一块接七户渠，四块地全部接水渠。[①] 黑水城地区干旱少雨，全靠祁连山雪水融化汇成黑水流经此处，然后开渠引河水灌溉。黑水城地区多数耕地与不同的渠道连接，以便于浇灌。

西夏时期还使用在农田中掘井灌田的方法。《番汉合时掌中珠》中将

---

① 俄罗斯圣彼得堡东方学研究所手稿部藏黑水城文献 Инв. No. 8203、Инв. No. 7893-9。

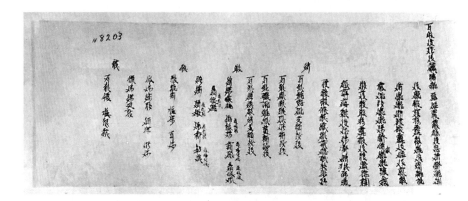

图 4-11　西夏文 Инв. No. 8203 户籍手实中的渠道记载

"渠"和"井"连在一起,为一个词语"渠井"。[1]《文海》"垫草"一词注释中有"井壑、渠口垫草之谓也"的叙述。[2] 把井和渠连在一起意味着它们有相同的功用,即都可以浇水灌田。

西夏汉文本《杂字》有"桔槔"一词,证明西夏利用桔槔汲井水灌田。[3] 桔槔是井上汲水的一种工具,俗称吊杆,在一横木上选择适当位置作为支点,置于木柱或支架上,一端用绳挂一水桶,置于井中,另一端系石块等重物,人操作挂桶的木杆或绳使两端上下运动汲取井水。中国的井水灌田方式产生于比较干旱的北方,12 世纪时普遍使用。西夏也较早使用井水灌田,这在保障粮食作物的收成方面又向前跨进了一步。

## 二　储粮备荒

西夏农民所生产的粮食除供农户自己食用外,还要作为实物租税上缴国家。这些租税粮食一部分供皇室和各级官府食用,一部分要作为军粮。粮食是西夏人民的主要食物,是维持西夏社会的最基本的物资,因此西夏很注意粮食的保存,特别是对国家大宗粮食的储藏和保管。西夏各地有不少大型储粮官仓,储备了很多粮食,有的藏粮至 20 万石(斛),甚至多达

---

[1]　(西夏)骨勒茂才著,黄振华、聂鸿音、史金波整理《番汉合时掌中珠》,第 25 页。

[2]　史金波、白滨、黄振华:《文海研究》,54. 111,第 474 页。

[3]　史金波:《西夏汉文本〈杂字〉初探》,白滨等编《中国民族史研究》(二)。

百万石。据西夏《文海》"斛（石）"条的注释，10 斗算 1 斛。① 可见当时储量之富。西夏生产、贮藏大批粮食，这和以前党项族单纯生产畜产品的生产、生活方式有了很大改变。

西夏对粮库的管理很严格。《天盛律令》规定："畿内来纳官之种种粮食时，当好好簸扬，使精好粮食、干果入于库内。"还规定管库人任期为 3 年，交接时当清理粮食。②

粮食在收纳和支出时都有严格的程序和管理办法，库房由专人负责，专人监督，要登记、计量、验看或开计单据。对仓库粮食的损耗有一定的要求。《天盛律令》规定：

> 掌粮食库者磨勘处当二等耗减：一等掌库者一斛可耗减五升。一等马院予马食者簸扬，则一斛可耗减七升。米、谷二种，一斛可耗减三升。③

可知当时普通粮食的耗损率为 5%，马料耗损率为 7%，米、谷耗损率为 3%。

粮食仓库的修建和管理是粮食储藏的关键。如果仓库不合要求，储藏不好，会造成极大的浪费。西夏对粮食仓库的建造和管理特别重视，而且根据当地的具体情况形成了一套仓库修建和管理办法。《天盛律令》规定：

> 有木料处当为库房，务需置瓦；无木料处当于干地坚实处掘窖，以火烤之，使好好干。垛囤、垫草当为密厚，顶上当撒土三尺，不使官粮食损毁。④

由此可知，西夏储藏粮食的仓库有两种，一种是库房，一种是地窖。西夏

① 　史金波、白滨、黄振华：《文海研究》，杂 7.151，第 540 页。
② 　史金波、聂鸿音、白滨译注《天盛改旧新定律令》第十五"纳领谷派遣计量小监门"，第 510 页。
③ 　史金波、聂鸿音、白滨译注《天盛改旧新定律令》第十七"物离库门"，第 547 页。
④ 　史金波、聂鸿音、白滨译注《天盛改旧新定律令》第十五"纳领谷派遣计量小监门"，第 513 页。

为建立储粮仓库保管粮食积累了丰富的经验。北宋庄绰对宋夏交界陕西的粮食储存做过详细介绍：

> 陕西地既高寒，又土纹皆竖，官仓积谷，皆不以物藉。虽小麦最为难久，至二十年无一粒蛀者。民家只就田中作窖，开地如井口，深三四尺；下量蓄谷多寡，四围展之。土若金色，更无沙石，以火烧过，绞草绹钉于四壁，盛谷多至数千石，愈久亦佳，以土实其口，上仍种植禾黍，滋茂于旧。唯叩地有声，雪易消释，以此可知。夷人犯边，多为所发。而官兵至虏寨，亦用是求之也。①

此处所指敌人，当是西夏。不难看出，宋人所记陕西挖窖储存粮食的方法，西夏人是一清二楚的。西夏法典所载西夏储粮方法与之互相印证，竟然雷同。西夏境内黄土高原地区也是"地既高寒，又土纹皆竖"，适合挖地窖储粮。从西夏储藏粮食库房、地窖的建设足见西夏储粮水平、规模和地方特色。

西夏的粮仓大小不等，小的在 5000 石以内，只派 2 名司吏，多的存粮10 万石，要派 1 名案头，6 名司吏。据《天盛律令》可知，食品库中除粮仓外，还有杂食库。现还不能确知杂食库所存具体食物品类。据《天盛律令》记载，粮食仓库有官黑山新旧粮食库、大都督府地租粮食库、鸣沙军地租粮食库、林区九泽地租粮食库。② 黑水城出土的守将告牒中记载了鸣沙地区也有粮食窖藏。③

西夏在作战时注意保护窖藏。如西夏大安七年（1080 年）宋军攻西夏宥州时，"夏兵千骑屯城西左村泽，保守窖粟"。④

西夏汉文本《杂字》有仓库、囷笆、鎰窟、积贮等词（见图 4-12）。大型仓库应是国家或贵族、地主家才有，一般普通百姓家多利用囷笆或地窖储存粮食。

---

① （宋）庄绰撰，萧鲁阳点校《鸡肋编》卷上，中华书局，1983。
② 史金波、聂鸿音、白滨译注《天盛改旧新定律令》第十七 "库局分转派门"，第 529~534 页。
③ 黄振华：《评苏联近三十年的西夏学研究》，《社会科学战线》1978 年第 2 期。
④ （清）吴广成：《西夏书事》卷二十五。

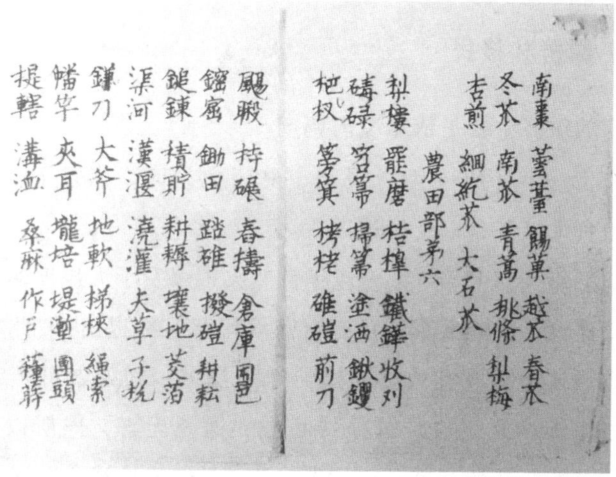

图 4-12 西夏汉文《杂字》"农田部"中关于仓库的记载

# 第三节 救灾防灾体制和临灾措施

西夏王朝借鉴中原王朝的政治制度，但因其国境狭小，历史较短，与中原王朝相比，政府机构简约。西夏有专门的赈灾机构，西夏汉文本《杂字》除有农田司外，还有"提赈"。① 这应是西夏管理赈济救灾的一个部门。西夏法典列录的国家中央机构中未见此机构，它可能是某一机构（如受纳司）的下属部门。

中国历代王朝长期形成的救灾防灾思想和临灾措施都对西夏产生了深刻的影响。这些是中华民族几千年来历史积淀而形成的思想品格、价值取向及道德规范，统治者为了巩固自己的统治，往往赋予自己厚德载物、忧国忧民的形象，在灾害发生时多能采取相应的应对措施。西夏统治者也继承了这样的传统，这些思想和措施在西夏救灾中得到很好的传承。

历代救灾有赈济、赈贷、赈粜、蠲免等方式，其中赈济是最重要的一种方法。西夏时常发生灾荒，而灾荒又会引起社会动荡，甚至农民起义。

① 史金波：《西夏汉文本〈杂字〉初探》，白滨等编《中国民族史研究》（二）。

因此，西夏政府在灾荒之际采取多种措施，实行赈济。

## 一 赈济和移民

西夏的赈济主要是依靠境内调剂。

大安十一年（1084 年）银州、夏州大旱时，惠宗下令调运西部甘州、凉州的粮食来接济，以便度过灾荒。[①]

大庆三年（1142 年），因连年自然灾害爆发了大规模的农民起义，当时很多大臣建议讨伐起义军，只有枢密承旨苏执礼提出："此本良民，因饥生事，非盗贼比也。今宜救其冻馁，计其身家，则死者可生，聚者自散，所谓救荒之术即靖乱之方。若徒恃兵威，诛杀无辜，岂所以培养国脉乎？"[②]仁宗采纳了苏执礼的意见，行"赈法"，命诸州按视灾荒轻重，广立井里赈恤。这种"赈法"当是带有法律意义的正规救灾措施。

西夏中期的贞观十年（1110 年）九月，西夏西部的瓜、沙、肃等州大旱无雨，"蕃民流亡者甚众"。监军司上报朝廷，崇宗命发灵州、夏州的储粮赈济。[③]崇宗虽然已即位十年，但仍是十几岁的孩子，其救灾措施应是政府行为。

西夏晚期从光定十三年（1223 年）即发生大旱灾，致使饥民相食。次年（乾定元年，1224 年）又有大灾。乾定二年六月，殿中御史张公辅上疏事，首条即为："一曰收溃散以固人心。自兵兴之后，败卒旁流，饥民四散，若不招集而安抚之，则国本将危。臣愿劳来还定，计其室家，给以衣食，庶几兵民乐业，效忠徇义，靡有二心。"张公辅建议对流散饥民"计其室家，给以衣食"，实行赈济。张公辅是翰林学士，曾两次出使金国。当时西夏已是风雨飘摇，财用不给，献宗德旺"善其辞切，擢为御史中丞"，给张公辅升了官，但并未采纳张公辅赈济灾民的建议。[④]

西夏统治者在做佛教法会时也往往对极端贫困的人采取一些救济措施。

---

① （清）吴广成：《西夏书事》卷二十七。
② （清）吴广成：《西夏书事》卷三十五。
③ （清）吴广成：《西夏书事》卷三十二。
④ （清）吴广成：《西夏书事》卷四十二。

如天盛十九年（1167 年）散施《佛说圣佛母般若波罗蜜多心经》做大法会时"施贫济苦"，对贫困者给予临时赈济。乾祐十五年（1184 年）散施《佛说圣大乘三归依经》做大法会时，其中有"饭僧设贫"，即给僧人和贫穷无食者提供临时粥食（见图 4-13）。①

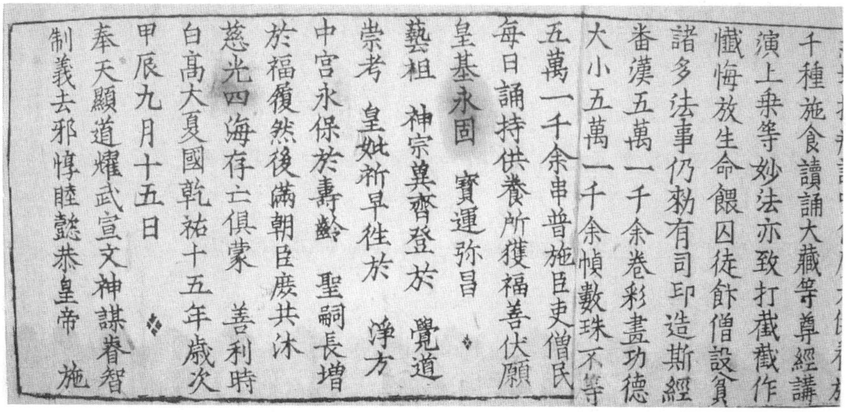

制義去邪惇睦懿恭皇帝施
奉天顯道耀武宣文神謀睿智
甲辰九月十五日
白高大夏國乾祐十五年歲次
慈光四海存亡俱蒙　善利時
於福復然後滿朝臣庶共沐
中宮永保於壽齡　聖嗣長增
崇考　皇妣祈早住於　淨方
藝祖神宗奠齊登於　覺道
皇基永固　寶運彌昌
每日誦持供養所獲福善伏願
五萬一千串普施臣吏僧民
大小五萬一千餘幀數珠不等
番漢五萬一千餘卷彩畫功德
諸多法事仍勅有司印造斯經
懺悔放生命饍因徒飯僧設貧
演上乘等妙法亦致打截藏作
千種施食讀誦大藏等尊經講

图 4-13　刊印汉文《佛说圣大乘三归依经》发愿文

乾祐二十年（1189 年）刻印《观弥勒菩萨上生兜率天经》做大法会时"暨饭僧、放生、济贫、释囚诸般法事"。乾祐二十四年（1193 年）散施《拔济苦难陀罗尼经》，在大法会上也有"救贫"活动。天庆三年（1196年），"喂囚徒，饭僧设贫，诸多法事"。同年散施《大方广佛华严经入不思议解脱境界普贤行愿品》做大法会时，发愿在三年之内做种种法事活动，其中有"设贫六十五次"（见图 4-14）。西夏末期应天四年（1209 年）的一次法会上"饭囚八次，设贫八次"。② 这些施舍主要是满足统治者的崇佛愿望，对于缺衣少穿的饥民来说是杯水车薪，不能从根本上解决贫困问题，但这也应是社会救济的一种。

西夏晚期，因蒙古军队的几度冲击，国家处于危亡之际，蒙古军占据

①　俄罗斯科学院东方研究所圣彼得堡分所、中国社会科学院民族研究所、上海古籍出版社编《俄藏黑水城文献》第 3 册，第 49~56 页。

②　俄罗斯科学院东方研究所圣彼得堡分所、中国社会科学院民族研究所、上海古籍出版社编《俄藏黑水城文献》第 3 册，TK121、124、120、128；第 2 册，TK58；第 1 册，TK12。

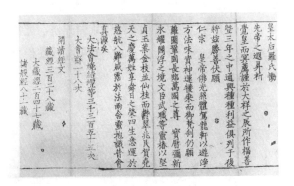

图 4-14　刻印汉文《大方广佛华严经入不思议解脱境界普贤行愿品》发愿文

西夏大部分领土，最后围攻中兴府，西夏坚守半载，因"城中食尽，兵民皆病"，末帝睍率文武出降，不久被杀。

以上的救灾方法是灾害发生后的补救措施，属消极的救灾方法。积极的防灾救灾方法包括兴修水利、丰年储粮、改良技术、造林垦荒等，西夏在这些方面也有新的建树。

有时发生灾害，不得已将民庶迁往他处。如宋咸平五年（1002 年）旱灾后，第二年银、夏、宥三州饥。四月，李继迁"籍州民衣食丰者徙之河外五城，不从杀之"。① 番、汉重迁，嗟怨四起。

## 二　减免租税

政府收取农业税是西夏财政的主要来源，然而有时遇到自然灾害，政府也不得不减免租税。蠲免租税也是西夏救灾的一种方式。西夏中期仁宗继位后第三年便遇到重大灾害。

大庆三年（1142 年），连年自然灾害造成严重饥荒，诸部无食，民间每升米达到 100 钱。② 翌年三月，西夏发生大地震，"有声如雷，逾月不止，坏官私庐舍、城壁，人畜死者万数"。当年祸不单行，连续发生地震，"四

---

① （清）吴广成：《西夏书事》卷七。（宋）李焘：《续资治通鉴长编》卷五十五，真宗咸平六年（1003 年）九月壬辰条载："夏州教练使安晏与其子守正来归，且言贼境艰窘，惟劫掠以济，又籍夏、银、宥州民之丁壮者徙于河外，众益咨怨，常不聊生。"

② （清）吴广成：《西夏书事》卷三十五。

月，夏州地裂泉涌。出黑沙，阜高数丈，广若长堤，林木皆没，陷民居数千"。御史大夫苏执义以上天示警告诫仁宗。此次地震发生在天子脚下，仁宗采取了具体措施，给灾区中兴府、夏州民众减免租税：

> 二州人民遭地震、地陷，死者二人免租税三年、一人免租税二年，伤者免租税一年。其庐舍、城壁摧塌者，令有司修复之。①

一个家庭因地震死亡 2 人者免税 3 年，死亡 1 人者免税 2 年，伤者免税 1 年，并由官府修缮被地震损毁的房屋。应该说这次减免租税有一定力度，但对在地震中有财产、牲畜损失的民众未能有所照顾。

仅仅免交租税，仍不足以解决饥民的糊口问题。民众无食，终于在当年爆发了大规模的农民起义，其成员主要是党项族，其中有威州的大斌族，静州的埋庆族，定州的笆浪族、富儿族，起义军多者万人，少者五六千人，攻取州城，被西夏统治者称为盗贼。仁宗一方面采纳苏执礼的意见，行"赈法"，下令诸州按视灾荒轻重，广立井里赈恤；另一方面派西平都统军任得敬率兵镇压，历经数月才把起义镇压下去。

### 三　榷场贸易与向宋、金筹措粮食

西夏在建国前就与邻近的经济发达的王朝，特别是宋朝发展贸易。西夏地域偏小，有的物产资源丰富，如牲畜、盐、药材等，境内所用有余，销往他国则可获取丰厚的利润；有些十分必要的物品或缺乏资源，如茶等，必须靠进口满足需要；有的物资虽然西夏也有生产，但由于生产技术水平总体上低于中原王朝，产量较低，如粮食、绢帛等，也需通过贸易获得补充。从整体上看，西夏与中原王朝的贸易是西夏有求于中原多，因而一般是西夏主动要求，宋朝往往限制或拒绝，借以控制。因此，西夏的对外贸易受到诸多限制。

早在唐、五代时期，分布在河西陇右一带的党项族就利用物产之利，向中原地区售马而获得中原王朝大量回赐，取得所需；还利用地理之便，

---

① 《宋史》卷四百八十六《夏国传下》；（清）吴广成：《西夏书事》卷三十五。

在西部各国商队必经的丝绸之路上居间得利。接续党项族与邻国贸易的传统，李继迁时期就与宋朝开展正式贸易。宋淳化三年（992 年），李继迁财用渐乏，请求通陕西互市。① 德明于宋景德四年（1007 年）进表请求在宋京师开封贸易，得到允许。同年又请求在保安军（今陕西省志丹县）设置権场，准许番、汉贸易。② 西夏使节出使宋朝，带有浓厚的贸易性质。德明通过使者的往还，在开封以及途中私下贸易，沟通有无，获利不少。宋朝设"都亭西驿及管干所，掌河西蕃部贡奉之事"。③ 为了从贸易中多得利益，德明还常在边境私设権场，或派人在沿边一带贩卖禁物，进行走私活动。西夏发生灾荒时，宋朝特令権场准许西夏采购粮食。宋大中祥符三年（1010 年），"德明境内荒歉，其邻近族帐争博粜粮斛"。④ 当年绥、银、灵、夏州大旱，德明与邻近族帐贸易粮食，以解灾荒。

元昊称帝后，宋夏断绝互市。⑤ 元昊则急于恢复与宋朝的贸易，在称帝的第二年即天授礼法延祚二年（1039 年）请求宋朝在延州再建権场，宋仁宗未允。宋夏议和后，元昊上书"要请十一事"，其中包括弛盐禁、至京师贸易等贸易条款。⑥ 天授礼法延祚九年（1046 年）恢复宋夏互市，在保安军及镇戎军的安平寨开设権场，宋夏的贸易通道又打开了（见图 4-15）。后随着两国关系的好坏或通和市，或停権场，或开边售粮，或禁绝私市，双方贸易就在需要和防范当中进行。⑦ 当时虽有边贸管理，但因双方人民各有所需，贸易依旧盛行。⑧ 后宋朝采取司马光之策，对西夏实行更严厉的禁绝私市的举措，有与西夏人私相交易一钱以上者，"皆配江淮州军牢城，妻子诣配所"。⑨ 总的来说是西夏要求多，而宋朝防范严。宋夏之间的矛盾和战争，除民族间的政治因素外，经济上交流不畅、壁垒森严也是重要因素。

---

① （宋）曾巩：《隆平集》卷二十。
② 《宋史》卷一百八十六《食货志下八》。
③ 《宋史》卷一百六十五《职官志五》。
④ （宋）李焘：《续资治通鉴长编》卷七十四，真宗大中祥符三年（1010 年）七月丁巳条。
⑤ 《宋史》卷一百八十六《食货志下八》。
⑥ 《宋史》卷一百八十六《食货志下八》。
⑦ 《宋史》卷一百八十六《食货志下八》。
⑧ （宋）李焘：《续资治通鉴长编》卷三百六十五，哲宗元祐元年（1086 年）二月壬戌条。
⑨ （宋）李焘：《续资治通鉴长编》卷三百六十五，哲宗元祐元年（1086 年）四月庚午条。

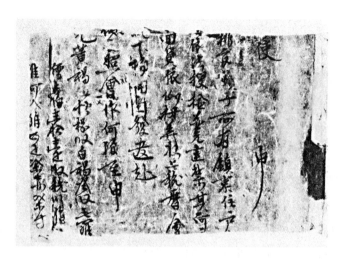

**图 4-15**　黑水城出土南边榷场使申银牌安排官状为镇东住户某等博买货物扭算收税事

　　宋元祐二年（1087 年），翰林学士兼侍读苏轼上言分析西夏通过宋朝的岁赐和贸易受益很大，而对宋朝不利，认为西夏不仅通过贸易赚取经济上的好处，还因此使西夏民众感德，"饱而思奋""轻犯边陲"，从而得到政治资本。但实际上这种互通有无的贸易中的双方均会获利。[①] 宋夏贸易也使参与的商人获利非小。西夏谚语有"想要有钱汉商场"的语句。[②]

　　西夏与辽也有贸易。元昊时期经常与宋朝作战，军民死伤过半，"国中困于点集，财用不给，牛羊悉卖契丹"。辽是西夏的宗主国，双方有政治、军事的相互利用和摩擦，也有经济的往来。西夏对宋、辽贸易很重视，《天盛律令》对商队驮运的骆驼都做出具体规定：

　　　　皇城、三司等往汉、契丹卖者，坐骑骆驼预先由群牧司分给，当养本处，用时驮之。[③]

其中，"汉"当指宋朝，"契丹"当指辽朝。辽朝对于西夏是仅次于宋朝的

---

①　（宋）李焘：《续资治通鉴长编》卷四百五，哲宗元祐二年（1087 年）九月丁巳条。
②　陈炳应：《西夏谚语——新集锦成对谚语》，第 7 页。
③　史金波、聂鸿音、白滨译注《天盛改旧新定律令》第十九"供给驮门"，第 576 页。

贸易伙伴。

西夏的对外贸易由皇城司、三司管理，并派出商队，以骆驼为主运输，所用骆驼由群牧司供给，由马院具体经营。[①]

西夏后期基本与南宋隔绝，其贸易对象主要是金国。崇宗时期曾两次要求与金朝开设榷场，皆未得应允。仁宗大庆二年（1141年）再次申请开设榷场，金熙宗同意了西夏的请求，在边境设置兰州、保安、绥德榷场。[②]其后甚至在金国市场中开放铁禁，以满足西夏的所需。金大定十二年（乾祐三年，1172年）金世宗完颜雍提出"夏国以珠玉易我丝帛，是以无用易有用也"，认为用生活用品换西夏的奢侈品很不合算，下令停罢了保安、兰州两处榷场。[③]西夏仁宗请求开放榷场，金朝不允。五年后，金朝又罢绥德榷场。[④]至此，金、夏之间的三个榷场都已关闭，这影响了两国的正常贸易往来，但在东胜、环州仍可进行贸易。乾祐十二年（1181年），仁宗上表于金请恢复兰州、保安、绥德三处榷场，并要求准许西夏使人入金贸易日用物品。金国只许在绥德建立关市，以通货财。至金承安二年（西夏天庆四年，1197年），金国才又答允开放了兰州、保安榷场。[⑤]

西夏和金国也通过使节往来开展贸易。当时贡品和回赐也是物资交流的重要方面。西夏对金的贡品有"礼物十二床，马二十匹，海东青七，细狗五"。[⑥]金朝对西夏的回赐有金、银、布、衣、绫罗、绢帛、貂裘、金带等。金朝对西夏使节来金朝后的礼仪、日程有明文规定，其中规定西夏使团到金国"或许贸易于市二日"。[⑦]西夏正德二年（1128年）发生灾荒，正月西夏使臣到金国贺正旦，"金主问夏国事宜，使者以岁饥告，命发西南边粟市之"。[⑧]

大食在中国西方，是中国对外贸易的重要国家。大食盛产珠玉等宝物，

---

① 史金波、聂鸿音、白滨译注《天盛改旧新定律令》第十九"畜疾病门"，第583页。
② 《金史》卷四《熙宗纪》。
③ 《金史》卷一百三十四《西夏传》。
④ 《金史》卷一百三十四《西夏传》。
⑤ 《金史》卷十《章宗纪二》。
⑥ （清）吴广成：《西夏书事》卷三十八。
⑦ 《金史》卷三十八《礼志十一》。
⑧ 《金史》卷七《世宗纪中》；（清）吴广成：《西夏书事》卷三十四；戴锡章编撰，罗矛昆点校《西夏纪》卷二十三。

享誉遐迩，西夏是其宝物向东贩运的必经之路。其路线是入西夏，经沙州，过河西走廊，再进入宋朝的秦州。德明上表请求宋朝让大食的贡使、商队路经西夏，以抽取赋税，甚至勒索贡物，从中得到经济上的好处。后德明又请求宋朝让大食贡使取道西夏，宋朝未允许。①

西夏占据西北地区，阻碍了传统的中原地区和中亚及其以西地区的丝路贸易，却刺激了宋朝海上贸易的兴盛。而拥有河西走廊的西夏却继承了丝绸之路的陆上贸易，和大食、西州回鹘互通有无。比如《天盛律令》在规定不准向他国使人及商人等出卖敕禁物时，特别提到大食、西州国。② 可见当时西夏和大食、西州有密切的贸易往来。

西州，也即西州回鹘，它也是西夏重要的贸易伙伴。西夏早期，由西域各国东来的贡使和商人，在途经西夏时，有时还会遭遇邀劫或勒索的扰害。③ 这样影响了其他国家的商人来中原贸易，有的只能走别的路线，因而西夏不能得到商贸之利。后来西夏十分重视对外贸易，对他国贸易也采取了保护措施，并提供种种方便。比如《天盛律令》规定：

> 大食、西州国等买卖者，骑驮载时死亡，及所卖物甚多，驮不足，说需守护用弓箭时，当告局分处，按前文所载法比较，当买多少，不归时此方所需粮食当允许卖，起行则所需粮食多少当取，不允超额运走。④

西夏政府的救灾措施不仅借鉴了中原地区调粟赈济、蠲缓赋税的经验和方法，还根据当时中原地区农业发达的状况和西夏名义上依附中原王朝的政治局势，当灾害发生时，统治者往往求助于中原地区，向宋、辽、金王朝求购或索要粮食救灾。

党项政权发展壮大后，有了相当的农业基础，但粮食仍然不足，需要通过边市贸易购买宋朝粮食。宋大中祥符元年（1008 年），西夏绥州、银州、夏州发生旱灾，居民惶乱，宋真宗知道这一消息后，诏令榷场不要禁止西夏人

---

① （宋）李焘：《续资治通鉴长编》卷一百一，仁宗天圣元年（1023 年）十一月癸卯条。
② 史金波、聂鸿音、白滨译注《天盛改旧新定律令》第七"敕禁门"，第 284~285 页。
③ （宋）洪皓：《松漠纪闻》卷上，中华书局，1984；（清）吴广成：《西夏书事》卷十五。
④ 史金波、聂鸿音、白滨译注《天盛改旧新定律令》第七"敕禁门"，第 285 页。

来买粮食，以便解决西夏缺粮问题。① 西夏正德二年（1128 年）正月，西夏使臣贺金国正旦，"金主问夏国事宜，使者以岁饥告，命发西南边粟市之"。② 当西夏因灾而乏粮时，金国作为宗主国也对西夏采取援助的态度，开边售粮。购买邻国的粮食以解燃眉之急，是西夏度荒的一项重要措施。

有时西夏受灾时干脆将牲畜赶到邻国放牧。天赐礼盛国庆五年（1073 年）境内大旱时，监军司令于宋朝缘边放牧，引起了宋朝的警觉，宋朝加强了沿边的戒备。③

# 第四节　民间互助与临灾措施

中国重视社会力量在防灾减灾工作中的地位和作用，积极支持和推动社会力量参与减灾事业，提高全社会防灾减灾的意识和能力。出土文献证明，西夏也吸取了这样的历史经验，有民间互助的方式。

## 一　民间互助组织社邑

在新发现的黑水城出土的西夏社会文书中，有两件众会契约。实际上这是一种地方社邑组织和活动的规约。社邑（社）是中国古代民间基层结社的一种社会组织。民间社邑由来已久，早在先秦时期已有这类组织，至唐、五代、宋朝达到兴盛。从敦煌石室发现的文书中有一批社邑文书资料，敦煌学家已对其做了系统、详备的录文和研究。④ 其中有 20 多件社条，即社邑组织和活动规约，内中有实用件 10 余件，其他为文样、抄件、模仿件等。实用件中多为残件，完整者较少。社条的规定从整体上反映了民间结社的具体活动内容，真实而生动，具有重要研究价值。

新见两件西夏社邑组织和活动的规约，以西夏文草书书写，文中条款

① （宋）李焘：《续资治通鉴长编》卷六十八，真宗大中祥符元年（1008 年）正月壬申条；（清）吴广成：《西夏书事》卷九。

② （清）吴广成：《西夏书事》卷三十四。《金史·太宗本纪》和《交聘表》未提及此事。

③ （宋）李焘：《续资治通鉴长编》卷二百五十四，神宗熙宁七年（1074 年）六月己卯条。

④ 宁可、郝春文：《敦煌社邑文书辑校》，江苏古籍出版社，1997。

称此种组织为蕹婼（众会），文末有在会者的签字画押，具有条约的内容和形式，因此称为"众会条约"，也可归入契约一类。

敦煌发现的社邑文书为 10 世纪的遗存，两件西夏文众会契为西夏时期的文书，是继敦煌文书后的重要社邑文书，填补了 12 世纪社邑文书的空白。特别是其中一件保存基本完整，十分稀见，有很重要的文献价值。

两件西夏文众会契为 Инв. No. 5949-31 光定寅年众会契（见图 4-16）和 Инв. No. 7879 众会契。[①] 前者比较完整，内容较为重要，现将其西夏文草书转录为西夏文楷书，再以汉文做出意译。

**录文：**

娥㸠辤娞弨刃㵷矗㑥㺄纗婼杨𦇗𦇤絳㺀㺖

㵷㵷矗㑥㺄荒𦍒㸥縗𦐖㣻𦶆𥸐纸𦊀瓺㲧

疹荒𦊀𥹺𥻲𥻴㴂瓶

杨𦇡矗㑥㺄婼𢍰繎𣱵𦇤㲱𥮕□□𦐖

㦎𡨢𥿵□㣤□𢍰婼𥙷𥾪㦎𢄒疹荒𦊀

㑥𧆐𦈛𦑶辤㦎荒𦊀繎□𧄪□𦷦𦶈𥸐□

㵷㿈𥾪𦐖緟瓶𦇤□𥾪□繎𥹺瓶

杨𦇡𦈛繎𦐖㲱㵢疹荒㲧𦐖絳𦷦㵷瓶……

纗矗𥿈㿈𢄒㦎𢄒絳㲱𦊀辤㲠刃𧄪𦈛

𧄪𥙷繎𣱵瓺㦎𧄪㸥刃𧄪𦈛𦈛辤

杨𦇡㲱疹荒㸥繎婼㿈𢄒𦊵㿋𥹺㴂瓺

𢄒㦎𢄒疹荒㸥刃𦑶𥸐𦈛辤

杨𦇡㑥㿈𥸐𦈛𥼧𣱵𥸐𦐖㲠瓺㴂疹荒

_____

① 西夏文 Инв. No. 5949-31 光定寅年众会契，出土于内蒙古自治区额济纳旗黑水城遗址，今藏俄罗斯科学院东方文献研究所手稿部，卷子，高 19.4 厘米，宽 90.2 厘米。西夏文草书 40 行，有署名、画押。图版见俄罗斯科学院东方研究所圣彼得堡分所、中国社会科学院民族研究所、上海古籍出版社编《俄藏黑水城文献》第 14 册，第 92～93 页。参见史金波《黑水城出土西夏文众会条约（社条）研究》，杜建录主编《西夏学》第 10 辑，上海古籍出版社，2014。另一件也出土于内蒙古自治区额济纳旗黑水城遗址，编号 Инв. No. 7879，残卷，高 19 厘米，宽 48 厘米。西夏文草书 19 行。因残损较多，且字迹浅淡，背面书写经文，两面文字相互叠压，很多字不能识别。图版见《俄藏黑水城文献》第 14 册第 198 页。

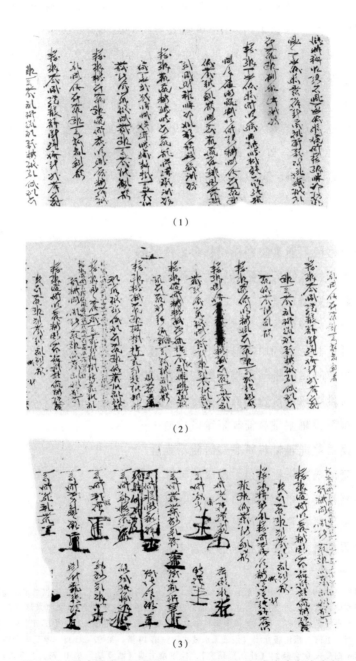

（1）

（2）

（3）

图 4-16 黑水城出土西夏文 Инв. No. 5949-31 光定寅年众会契

[illegible]

[illegible]

[illegible]

[illegible][1][illegible]

[illegible]

[illegible][2][illegible]

[illegible][3][illegible]

[illegible][4]

[illegible]

[illegible][5]

[illegible]……[6]

[illegible]

[illegible][7]

[illegible]□[illegible]□[illegible]□□[illegible]

[illegible]□□[illegible]□□

[illegible]

[illegible]

[illegible]

[illegible]□□[illegible]（押）　[illegible]（押）

[illegible]（押）　□[illegible]（押）

[illegible]□□[illegible]（押）　[illegible]（押）

[illegible]□[illegible]（押）[8]　[illegible]□（押）

[illegible]□[illegible]（押）

---

① 以下四字涂抹掉。
② 此字为旁加小字。
③ 此字为旁加小字。
④ 此处为加字，后似有一画押，前或为人名。
⑤ 此条后加一条，为小字，多数字不清。
⑥ 此行为后加，字小、模糊，难以辨识。
⑦ 此条两行中间后加一条，为小字，部分字不清。
⑧ 此六字人名被圈掉，左部添加一人名四字，见下行。

□□□□□（押）　　　□□□□□（押）

□□□□□（押）　　　□□□□（押）

□□□□□□（押）　　□□□□（押）

□□□□□（押）　　　□□（押）

**对译：**

光定寅年十一月十五日众会一等中实乐意

月月十五日有记为当〈 〉① 语其〈 〉首祭彼□

者有时条下依施行

一条十五日会聚者疾病远行□□等

不有伸□懈迟□聚会为中不来者有时

五斗数罚交不仅大众□做善往□

处司几等共实过□应□施行

一条大众中疾病有紧近则施行

看十日全中不来则病药米谷一升数

持为当若其不持时一斗数罚交

一条死者有时众会皆聚常送中往其

各不来者有时一石杂罚交

一条诸司事论罪状事问为各往者有

时一斗杂计罚付其中其数不付者

有五斗数杂缴

一条众会聚中过者有时一石麦罚交

一条妻子死丧者有一斗杂

持为当若其不持时三斗杂罚交

一条众会中死丧者因二斗数杂先昔合□□

超者有时付□□超时一石数杂罚交

善往□

一条死丧有时米谷二升三卷数几等

————————

① 〈 〉代表不便简单地对译成汉字的西夏文虚字。

付若其超不付者有时五斗数杂罚交

一条众会……

一条月月聚上一升数米谷二升数杂

　　其中不送为有时五斗杂罚交服

一条众会一□无□人无□□不来者有五斗数罚交

一条众会聚集中善往积□□有众中□□

　　卖者有时三斗数杂罚交

一条二数人〈　〉会聚集中不实事为〈　〉聚集

　　等时五斗数杂罚交……

一会□□狗铁（押）　　　梁善宝（押）

一会明子（押）　　　　□狗　（押）

一会契丹令□□金（押）杨洛生（押）

一会卜□□吉（押）　　杨老房□（押）

多善□犬（押）

一会张阿德（押）　　　葛□男巧宝（押）

一会王明狗（押）　　　张□□宝（押）

一会庄何何犬（押）　　□□宝（押）

一会□金德（押）　　　$\boxed{□□}$（押）

**意译：**

光定寅年十一月十五日，众会一种中自愿于

每月十五日当有聚会，已议定，其首祭□

者有时依条下施行：

一条十五日会聚者，除有疾病、远行等

　　以外，有懈怠不来聚会中者时，

　　不仅罚交五斗，大众□做善往□

　　处司几等共实过□应□施行。

一条大众中有疾病严重者则到其处

　　看望。十日以内不来，则当送病药米

　　谷一升。若其不送时，罚交一斗。

一条有死者，时众会皆送。其中有

不来者时，罚交一石杂粮。

一条有往诸司论事、问罪状事者

时，罚一斗杂粮。若有其数不付者，

缴五斗杂粮。

一条众会聚中，有流失者时，罚交一石麦。

一条有妻子死办丧事者，当送一斗杂

粮。若其不送时，罚交三斗杂粮。

一条众会中因死丧者二斗数杂粮早先□，其

有超者付□□超时罚交一石杂粮。①

一条有死办丧事时，付米谷二升三卷，

若有其超不付者时，罚交五斗杂粮。

一条众会……

一条每月聚会送一升米谷、二升杂粮，

其中有不送时，罚交五斗杂粮，服。

一条众会一□无□人无□□不来者有五斗数罚交。

一条众会聚集送中善往积□□有众中□□，

有卖者时，罚交三斗杂粮。

一条二人来聚会中为不实事时，子聚集

时，罚交五斗数杂粮。

一会□□狗铁（押）　　　梁善宝（押）

一会明子（押）　　　　□狗（押）

一会契丹令□□金（押）杨洛生（押）

一会卜□□吉（押）②　杨老房□（押）

多善□犬（押）

一会张阿德（押）　　　葛□男巧宝（押）

一会王明狗（押）　　　张□□宝（押）

---

① 此行为后加，字小、模糊，难以辨识。
② 此人名被圈。

一会庄何何犬（押）　　　□□宝（押）

一会□金德（押）　　　□□（押）

Инв. No. 5949-31 光定寅年众会契基本完整，尾稍残，可以据之考察西夏众会契的具体形制和内容。

此件以流利的西夏文草书写于白麻纸上，首有总叙，第一行有"光定寅年（1218 年）十一月十五日"年款；其后提到纚缩（众会），此文书前后共记纚缩 7 次之多。后列条规 11 条，中间又以小字加添 2 条，共 13 条，间有涂改。每条前有"撟叕"（一条）二字。条中记众会的活动为"缩帰"（会、聚，即"聚会"意），文中出现 3 次。参加众会的成员称为"散纚"（大、众，即"大众"，或可译为"会众"），也出现 3 次。最后有每位与会人的署名和画押，因末尾残缺，难以知晓全会共有多少人。

此众会契具有一般契约的属性，又有其特点，是一种特殊的契约。作为西夏黑水城地区社邑组织和活动的规约，它不像一般经济契约如买卖、抵押、借贷、租赁契约那样主要是证明当事人双方某项经济关系的文书，而是一种多人共同遵守的互助保证书契，是民间结社组织及其运行的条规。

从众会契的总叙可知，众会的成员是自愿参加的，并规定于每月十五日聚会。这是一个每月定期聚会的会社。会社要求众会成员实行其下规定的条款。

第一条规定每月十五日聚会时，除有疾病、远行等不能前来者外，都要聚会，无故不来者要罚交 5 斗粮。虽是民间自愿组成的会社，但一旦入社，便要遵守规矩，对不聚会者采取强制惩罚性措施。看来这种众会社邑组织比较严密，管理比较严格。

从具体条规看，此众会以互助为主要目的。如第二条规定会众有得严重疾病者其他会众要去看望，并具体规定"十日以内不来，则当送病药米谷一升。若其不送时，罚交一斗"。第三条规定会众中有死者时，其他人都要前去送葬，"有不来者时，罚交一石杂粮"。第六条规定会众妻子死亡办丧事时，其他会众应送 1 斗杂粮，"若其不送时，罚交三斗杂粮"。第七条、第八条也是有关人员死亡、发丧时，要求其他会众给予关怀和物质帮助的条款。人有疾病，众人前去看望、安慰，这对病人是一种精神上的抚慰，有利于治疗和休养；人有死亡，同为会众，应前去送葬吊唁，怀念死者，安慰家属，甚至要伸出援手，补贴一些粮食。这实际上是会社内部的一种人文、精神上的互相关怀。这种关怀是在提倡邻里、亲朋之间的友爱、互助，体现出当时的社会公德的教化，有利于社会的和谐。这种关怀在参加众会的人中，不是一种可做可不做的一般道德要求，而是一种必须切实执行不能违反，若违反则给予经济上处罚的规定。

第四条中有的字尚难释读，但可以大体了解其文义。它可能指会众若惹上官司，被诸司问罪，这时要对当事会众罚 1 斗杂粮，若有不付者，缴 5 斗杂粮。这样的规定旨在要求会众不要做违反法律的事，若作奸犯科，在会社中也要受处罚。这在客观上是为政府维护社会秩序，做政府的辅助工作。社会以道德和法律规范民众行为。一个时代的道德和法律有一个时代的标准，封建社会法律是维护封建统治者的利益、维护当时社会秩序的工具。西夏王朝有法典，政府依照法律维持西夏统治者的权力和利益，规范民众的社会行为。西夏的众会契表明众会对违法的人给予处罚是以民间社团的形式对违法会众进行处分，也是对所有会众的警告和约束，它成了维护封建法制的助手，起到了稳定当时封建社会秩序的作用。

众会契第十条规定每月聚会时，要送 1 升米谷、2 升杂粮，并指出若不送时，罚交 5 斗杂粮。表明此会社每月聚会时，其成员不是空手前来，而是要送 3 升粮食，这是入会参加活动的条件。

最后的署名、画押，表明了此文书的契约性质。在契约的总叙中没有记录会首的名字，也许契尾签字的第一人就是会首。从书法看，每人名字和众会契的正文是同一笔体，也即书写正文者同时书写了各会众的名字。而每个人名后的画押却是各不相同的符号。画押表明契约正式成立，具有了约束效力。

因条约后部残失，署名画押者可能不全，可见署名、画押者 9 行共 17人，第 4 行第 1 人被勾画，左旁加一人名，为第 5 行。其余各行均为 2 人，上下各 1 人，在上部第 1 人上皆有"𗼻𘆄"（一会）二字，可能是"一名众会成员"之意，而下部第 2 人并无此二字。显然这是一件实用众会条规。

社邑是中国民间不少地区流行的基层社会结社组织，在当地有重要影响力。唐、五代、宋初，敦煌一带广泛流行社邑。黑水城出土的西夏文众会契（社条）证明西夏时期也有社邑组织，甚至远在北部的黑水城地区也有社邑存在。这些新发现的文献为了解西夏基层社会增添了新的资料，可以使我们获得新的认识。

西夏文众会契与敦煌文书中的社邑条规属同一类文书。社邑条规称为社条，又称社案、条流等，是社邑文书中重要的、基础性的文献。敦煌文书中的社条详略不同，一般首部为总则，叙述结社目的、立条缘由，然后规定组织、活动内容、处罚规则等具体条款。在叙述结社宗旨时，一般写即在儒家礼法或佛教教义指导下，从事朋友间的互助教育、集体祭祀和生活互助，主要是营办丧葬以及春秋二次社祭和三长月斋会等；组织、活动、罚则的具体条款往往分条书写，每条前有"一"字，类似于当时的法律条文的书写，也有的社条条款不明确分条。参加社邑者称为众社或社众。主事者是社长、社官和录事（或社老），被总称为三官。社众集体推举三官，根据社条与约定在三官组织领导下进行社邑的各种活动。

西夏的众会条约与敦煌文书中的社条一样是民间互助性的社条，从其总叙和各条内容看，没有铺陈结社目的和立条缘由，没有道德伦理的说教，而主要是明确的、具体的要求，即规定应做哪些事，若不做或违反规定将受到什么样的处罚。而敦煌文书中的社条往往会有较多的教化语句。如英藏敦煌文书 S.6537 背/3-5《拾伍人结社社条》（文样）记："窃闻敦煌胜境，凭三宝以为基；风化人伦，借明贤而共佐。……人民安泰，恩义大行。家家不失于尊卑，坊巷礼传于孝义。恐时侥伐之薄，人情与往日不同，互生纷然，后怕各生己见。所以某乙等壹拾伍人，从前结契，心意一般。大者同父母之情，长时供奉；少者一如赤子，必不改张。"又记："济危救死，益死荣生，割己从他，不生吝惜，所以上下商量，人心莫逐时改转。因兹众意一般，乃立文案。结为邑义。世代追崇。"[1] 又如俄藏敦煌文书 Дx11038 号《索望社社条》记载："今有仑之索望骨肉，敦煌极传英豪，索静弭为一脉，渐渐异息为房，见此逐物意移，绝无尊卑之礼，长幼各不忍见，恐辱先代名宗。"[2] 从所见西

---

① 宁可、郝春文：《敦煌社邑文书辑校》，第 49~50 页。

② 乜小红：《论唐五代敦煌的民间社邑——对俄藏敦煌 Дx11038 号文书研究之一》，《武汉大学学报》2008 年第 6 期。

夏文众会契看，它继承了中原王朝的社条维护封建法制、民间互助的传统，弱化了伦理纲常的说教，而趋向于简约、实用。

从社条条款的数量看，较完整的 Инв. No. 5949-31 光定寅年众会契有 13 条。而敦煌所出社条条款较少。如 P. 3544 号大中九年（855 年）九月二十九日社长王武等再立条件存 2 条，后残；S. 2041 号大中年间（847~860 年）儒风坊西巷社社条，续立 3 次，共存 7 条；P. 3989 号景福三年（894 年）五月十日敦煌某社社条不分条。即便是内容很多的 S. 6537 背/3-5《拾伍人结社社条》（文样），也只有 7 条。① 检视已见到的敦煌所出社条，皆不如西夏众会契的条款多。

敦煌文书所见社邑性质多样，有以经济和生活互助为主的，也有以从事佛教活动为主的。已发现的两件西夏文众会契都属于经济和生活互助类型。其主要内容可归纳为四项。

一是定期聚会，每月一次。通过聚会可联络感情，交流各社户情况。

二是对有危困者给予精神上的抚慰，会众生病、死亡时，其他人前往看望，以示关怀。这种专列条款强调精神关怀的做法，显示出西夏众会组织不仅提供物质方面的帮衬，更注重亲情的交流、感情的慰藉。

三是对有困难者给予物质上的帮助，特别是会众家中妻子死亡、本人死亡时，其他会众要分别送 1 斗、2 斗杂粮。家有丧事，不但心情悲痛，筹办丧事还要一笔花销。此时能得到会众的粮食补助，不仅能感到心灵的安慰，丧葬的开销也能得到补贴。以 Инв. No. 5949-31 光定寅年众会契为例，妻子死亡至少能收到 1 石 7 斗杂粮，会众本人死亡至少能收到 3 石 4 斗杂粮。

四是对众会中的成员有违法犯罪者，则从众会的角度给予惩罚，令其缴纳一定数量的粮食。这种措施不是仅仅罚粮，而是通过给违法者的处罚在众会中起到警示作用。这种以政府的法律为准则的处事原则，无疑使民间的结社组织具有了辅助政府维护封建社会秩序的功能。

以上这些内容是社人权利与义务的构成。

从敦煌文书中的社邑文书可知，社邑的主事者三官根据社条与约定组织领导社邑的各种活动。三官由社众推举选出，但其往往由当地有权势的

---

① 宁可、郝春文：《敦煌社邑文书辑校》，第 1~66 页。

大族担任。不少社邑受到官府、寺院、贵族、官僚、富户的控制，为之提供变相的赋敛和力役。两件西夏的众会契没有提供这方面的直接资料。

西夏众会契中由会众每月缴纳的聚会粮食（每人每月 3 升，17 人一年缴纳 6 石多粮食），以及罚交的粮食，是归会首所有，还是作为众会的公用积粮，成为义聚？众会契中未予明载，不得而知，因此也不能完全排除会首通过众会聚敛财物的可能性。

从条约后的签字画押看，条约是众会成员全体制定的，这表明其内容需要共同遵守、共同负责，也表明对于条约来说会众之间是平等的。西夏的众会契和敦煌的社邑的社条一样，都具有这种性质。①

从 Инв. No. 5949-31 光定寅年众会契可知，文书末尾 17 人签名中已能识别的姓名，没有典型的党项族姓，较多的是汉姓，如杨姓 2 人，张姓 2 人，还有王、葛、梁等姓，此外还有 1 名契丹人。或许当时入会者以汉人为主，因为汉族早有民间结社的传统。从有契丹人来看，或许当时西夏的众会突破了民族的界限，融入了多民族成分。从民族间交往的角度来看，西夏众会契给中国社邑研究增添了新的、多民族的元素。

莫高窟 363 窟南壁西夏供养人的题名有"社户王定进□（永）□一心供□（养）""社户安存遂永充一心供□（养）"。② 看来西夏也有社邑组织。社邑早在唐代就在敦煌一带流行，是在佛教教义和儒家礼法影响下形成的民间组织，成员集体从事宗教和生活互助活动。参加社邑的人或家庭包括各阶级、各阶层、各职业身份，虽然规定社人在社内地位平等，但实际上有权有势的人权益较多。

关于西夏社邑的情况，在西夏文文献中尚未找到更多的记载，但从上述内容可知，这是西夏时期的一种民间互助组织，入会的民户在遇到疾病、人口死亡等困难时可以得到会社的帮助，但条款尚未涉及遇到灾荒、贫困乏粮时入会民户是否能得到会社的救济。

---

① 孟宪实：《论唐宋时期敦煌民间结社的社条》，季羡林、饶宗颐主编《敦煌吐鲁番研究》第 9 卷，中华书局，2006，第 317~337 页。

② 敦煌研究院编《敦煌莫高窟供养人题记》，第 141 页。

## 二 钱会

西夏民间也有为解决临时困难，请亲戚、朋友、邻里集钱入会的借贷方法。武威小西沟岘山洞出土一份西夏文会款单（见图 4-17），译文为：

> 天庆虎年正月七五日，于讹命犬宝处汇集，集出者数：讹劳娘娘出一百五十钱，袜墨阿辛记出一百，令介小屋玉出一百五十，讹命小狗宝出五十，苏小狗铁出五十，酩布小屋宝出五十，讹六氏舅金出五十，讹劳氏舅导出五十，吴氏狗牛宝出五十，讹命娘娘出五十，共计七百五十钱，入众钱中。[①]

西夏天庆虎年（1194 年）为西夏晚期，10 个人中有女有男，有番族，有汉族，可见在民间番族和汉族经济往来是很密切的。集钱时分别出150 钱、100 钱、50 钱不等，共集750 钱，于入会人来说负担不重，集钱总数也不多，合 15 个妇女劳动日的工值。

前述黑水城出土的西夏文社会文书中有两件众会契约，也反映了西夏民间众人集资入会的事。其中一件是光定寅年（1218 年）十一月十五日立，共 13 条款，规定每人每月 3 升，以及急用支出如何使用和逾期不还的

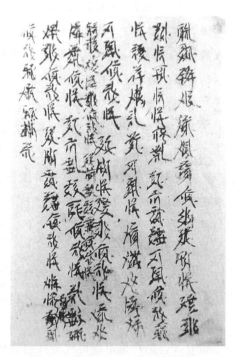

**图 4-17　武威出土西夏文会款单**

①　西夏文会款单出土于甘肃省武威小西沟岘山洞，单页，高 27.7 厘米，宽 14 厘米，西夏文草书 8 行。见史金波、白滨、吴峰云编《西夏文物》，图 342，第 345 页；史金波、陈育宁主编《中国藏西夏文献》第 16 册，第 257 页；甘肃省博物馆《甘肃武威发现一批西夏遗物》，《考古》1974 年第 3 期；史金波《〈甘肃武威发现的西夏文考释〉质疑》，《考古》1974 年第 6 期。

处罚办法，最后是入会当事人的署名画押，因后残，仅见人名 17 个，其中有契丹人和汉人，而以汉人为多。这些也是民间应对困难的互助方式，反映了西夏民间经济往来互助的情况。

### 三 借贷

灾害的发生，特别是大灾和连年灾害，受害最重的是底层的民众。西夏比较频繁的水旱灾害对依靠土地收成度日的农民和依靠牧草放牧牲畜的牧民威胁最大。减产或绝收的农牧民在十分困苦的状况下，不得不靠借贷度日。出土的西夏文献表明，西夏的借贷很普遍，在出土西夏文献较多的地区，如黑水城、敦煌、凉州都发现了西夏时期的借贷契约。从西夏《天盛律令》的有关规定和大批相关契约可知西夏典当、借贷以及偿还的实际状况。

#### （一）普通借贷

西夏频繁的自然灾害和兵连祸结的社会状况，造成大量人口贫困，在极度缺乏食粮的情况下，他们不得不去借贷。黑水城西夏文文书中发现了大量借贷契约，其中以粮食借贷契约数量最多，有 90 多号，计 300 多件。这些契约多为西夏后期所立，集中于西夏晚期。西夏晚期，不仅战乱频仍，而且自然灾害不断，大量借贷现象的发生或与灾害有直接、间接的关系。

西夏借贷契约表明，借贷时间大多集中在春夏两季。西夏黑水城地区是典型的大陆性气候，纬度较高，气候寒冷，春种秋收。春夏之间正是青黄不接时期。最早的借贷粮食契约是在腊月，如 Инв. No. 4979/2-2V 立约时间是天庆甲子年腊月九日。一般从二月至五月借贷粮食者为多。根据契约借贷的时间分析，一般头年腊月至次年一、二、三月准备播种或播种时期，借粮既可能是因为缺乏种子，也可能是缺少口粮；而四、五月借粮，已经过了当地的播种期，应该只是缺少口粮。

西夏借贷契约一般包括立契约时间、立契约者即借贷人姓名、出借者即债权人姓名、借贷粮食种类和数额、偿付期限及利率、违约处罚、当事人和关系人姓名、画押等主要内容。签字人名的上方，有的以算码、符号和文字的形式再次标写借贷粮食的数量和种类。可见西夏契约形制与传统汉文契约形式相近。

借贷者有党项人，也有汉人，可见西夏黑水城地区是多民族杂居的地区。债权人主要是党项人。

引人注目的是寺庙作为债权部门在从事大规模的借贷活动。西夏境内寺庙可占有土地和农户。根据现存契约统计，寺庙是放贷的主力。黑水城寺庙大量放贷，可见当地寺庙和僧人一方面为度荒缺粮的百姓提供了需要的粮食，缓解了其挨饿的燃眉之急；另一方面趁粮荒之机，参与了剥削贫困百姓的高利贷活动。如 Инв. No. 5870，19 件契约表明普渡寺共借粮 129 石 9 斗 5 升，平均每笔借粮 6 石 8 斗多；Инв. No. 7741，20 件契约也是普渡寺出借，共借粮 147 石；Инв. No. 4384-7 号也是普渡寺出借，只有 2 件，共借出粮食 6 石；Инв. No. 4762-6，存 3 件贷粮契，分别贷出 20 石、9 石和 7 石。以 Инв. No. 4762-6①天庆寅年贷粮契为例（见图 4-18）：

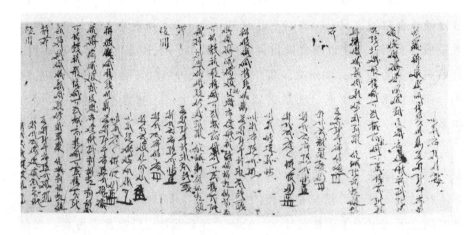

图 4-18 黑水城出土西夏文 Инв. No. 4762-6①天庆寅年贷粮契

第一件译文为：

> 天庆寅年正月二十九日立契约者梁岁
> 铁，今从普渡寺中持粮人梁喇嘛等处借十石
> 麦、十石大麦，自二月一日始，每月一斗有二升利，

及至本利相等时还，日期过时按官法罚交十石麦，心服。

立契约者梁岁铁（画押）

同立契子般若善（画押）

同立契梁羌德山（画押）

同立契恧恧禅定善（画押）

证人平尚讹山（指押）

证人梁羌德犬（指押）①

此契约共借贷粮食 20 石，每月每斗 2 升利，月息 20%，如果借贷 5 个月，便是倍利。

4 个编号 44 件契约都是普渡寺在同一年即天庆寅年（1194 年）出借粮食，共借出 318 石多粮食。这些粮食可以使数百人度过青黄不接的灾荒。这仅仅是保存下来的部分契约，普渡寺在当年总共借出多少粮食、使多少人靠借粮度过灾荒就不得而知了。②

在契约中所借粮食主要是麦和杂，麦即小麦，杂即杂粮。也有一些记为借大麦、糜和粟，皆属杂粮之列。

在国家图书馆藏黑水城出土佛经的一些封面、封底以及背面裱糊的纸张中发现有西夏文贷粮账 10 多纸，大多是同一账簿中的残页，记载了放贷主的名字、借贷粮食的品类、原本数量以及利息等项。这类账目可能是经营放贷的质贷铺的底账。大概是一些有余粮的放贷主将粮食放到质贷铺之类的放贷场所，然后统一对外放贷。如 7.10X-8 号中的 043、045 号，7.13X-2 号中的 051 号，7.13X-8 号中的 061 号贷粮账（见图 4-19），分别残存 6 行、2 行、5 行、6 行。

---

① 西夏文 Инв. No. 4762-6①天庆寅年贷粮契，出土于内蒙古自治区额济纳旗黑水城遗址，今藏俄罗斯科学院东方文献研究所手稿部，残卷，高 20.6 厘米，宽 52 厘米，3 件契约连写，存西夏文草书 31 行，第一行为前残契约最后一行签署、画押。本契约 10 行，首行有"天庆寅年正月二十九日"年款。后有署名、画押。图版见俄罗斯科学院东方研究所圣彼得堡分所、中国社会科学院民族研究所、上海古籍出版社编《俄藏黑水城文献》第 13 册，第 279 页。又见史金波《西夏粮食借贷契约研究》，《中国社会科学院学术委员会集刊》第 1 辑（2004）。

② 史金波：《西夏粮食借贷契约研究》，《中国社会科学院学术委员会集刊》第 1 辑（2004 年）。

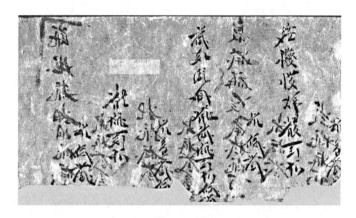

图 4-19 国家图书馆藏西夏文贷粮账残页 061 号 (7.13X-8)

译文如下：

043 号 (7.10X-8)，残存 6 行

利五斗

麦本五斗……

利二斗五

嵬名氏双宝大麦本一石五……

麦本一石五斗

利杂一石……

045 号 (7.10X-8)，残存 2 行

董正月狗麦本五斗……

利二斗五升

051 号 (7.13X-2)，残存 5 行

刘阿车麦本七斗

利三斗五升

朱腊月乐麦本五斗

利二斗五升

噶尚讹赞麦五斗

061 号（7.13X-8），残存 6 行

西禅定吉麦一斗

利五升

波年正月犬糜本一石五斗

利七斗五升

麦本一石

利五斗

从 10 多纸残账页可知，无论是何种粮食（麦、大麦、荜豆、豌豆），无论贷粮多少，利率都是 50%。从借贷主的姓名看有党项人，其中不乏名门望族，如有两人是西夏皇族嵬名氏，有后族野利氏，有望族骨勒氏，此外还有播杯、喻屈、噶尚、波年等姓氏，汉族则有赵、刘、朱、董等。这些人都是有余粮可贷的富裕户。[①]

上述贷粮账记载的债权人及其放贷行为，反映出债权人和中介者的关系。中介者会在 50% 利率基础上增加利率出借，做不用本粮的借贷生意，以牟取利润。这些借贷账目所反映的当时一些债权人以及质贷铺之类的放贷，也是西夏借贷的一种，对缓解灾荒、减轻饥馑程度都会起到一定的积极作用，但同时也加重了借贷者的还贷负担。

### （二）典当与抵押

除普通借贷外，西夏也流行典当和抵押借贷。西夏境内或由于天灾，或遇人祸，贫困者食不果腹，不得不走上典当或抵押借贷之路。

《天盛律令》第三"当铺门"具体规定了典当的程序、本利、时限、知证、中间人等，颇为详细。其中规定：诸人到当铺放物典当时，10 缗以下，

---

① 史金波：《国家图书馆藏西夏文社会文书残页考》，《文献》2004 年第 2 期。

对当物了解或不了解都典给；10 缗以上的当物，了解则令典给，未了解则当另寻了解者，确定不是盗窃物，令其典当。又规定：典当时，物主人及开当铺者两厢情愿，商定因物值多而当钱少，本利相等亦不能卖出；或物值少而当钱多，过典当规定日期不来赎时可以卖出等，可据二者所议实行。其他一般典当物品，所议日限未定明时，至本利已相等物主人不来赎，开当铺者可随意卖。对于居舍、土地典当，《天盛律令》有更详细的规定：

典当时，物属者及开当铺者二厢情愿，因物多钱甚少，说本利相等亦勿卖出，有知证，及因物少钱多，典当规定日期，说过日不来赎时汝卖之等，可据二者所议实行。此外典当各种物品，所议日限未令明者，本利头已相等，物属者不来赎时，开当铺者可随意卖。若属者违律诉讼时，有官罚马一，庶人十三杖。[1]

反映西夏典当实际的是典当契约。前述黑水城出土的西夏契约有汉文天庆年间典当文契，系佛经裱褙残纸，典当商人名裴松寿。

黑水城和武威、敦煌等地出土西夏文文献中有不少抵押借贷契约，目前统计约 120 件。有的抵押牲畜，有的典房屋、土地，以高额利息换取粮食，有的以典出工劳力换粮食。如卜小狗势自梁势功宝处典押自己的牲畜借贷 5 石麦、11 石杂共 16 石。[2] 又如 Инв. No. 5147-3① 光定午年（1222年）梁氏女满贷粮抵押地契，她向梁犬铁处借 8 石麦，本利共计 12 石，抵押其宅房新地 1 块（见图 4-20）。

译文为：

光定午年三月十日，立契者梁氏
女满，向梁犬铁处借八石麦，本利共
计十二石，变为女满、那征犬等属

---

① 史金波、聂鸿音、白滨译注《天盛改旧新定律令》第三"当铺门"，第 186~188 页。

② 俄罗斯科学院东方研究所圣彼得堡分所、中国社会科学院民族研究所、上海古籍出版社编《俄藏黑水城文献》第 13 册，第 182 页。

宅房新地一块，可撒十五石（种子），现已典押，

犬铁经手付粮。期限同年七月一日

当集聚偿还。过期不还时，抵押

地犬铁将取走，无异议。若争讼反悔时，

依官法向罚赃库交三石麦。心服。

　　　　　立契者梁氏女满（指押）

　　　　　同立契者麻则那征犬（画押）

　　　　　同立契者麻则长□犬（画押）

　　　　　同立契者麻则□□成（画押）

　　　　　同立契者麻则心喜盛（画押）

　　　　　证人讹命显令（画押）

　　　　　证人康烂疤（画押）①

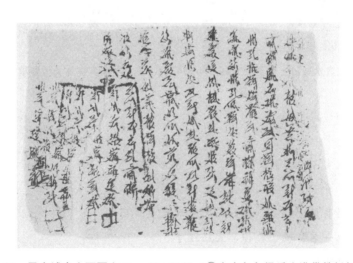

**图 4-20　黑水城出土西夏文 Инв. No. 5147-3①光定午年梁氏女满贷粮抵押地契**

---

① 西夏文 Инв. No. 5147-3①光定午年梁氏女满贷粮抵押地契，出土于内蒙古自治区额济纳旗
黑水城遗址，今藏俄罗斯科学院东方文献研究所手稿部，为契约残卷中的一件。契约残卷
高 19 厘米，宽 32 厘米。此为此残卷的第 1 件契约，存西夏文草书 15 行，有署名、画押。
图版见俄罗斯科学院东方研究所圣彼得堡分所、中国社会科学院民族研究所、上海古籍出
版社编《俄藏黑水城文献》第 14 册，第 25 页；史金波《俄藏 5147 号文书 10 件西夏文贷
粮契译考》，《中国经济史研究》2020 年第 3 期。

有的甚至抵押人口。如西夏文 Инв. No. 5147-1①光定午年契罗寿长势贷粮抵押人契，立契者契罗寿长势，向梁犬铁处借 8 石麦，本利共计 12 石，抵押 20 岁的使军弥药奴 1 名（见图 4-21）。

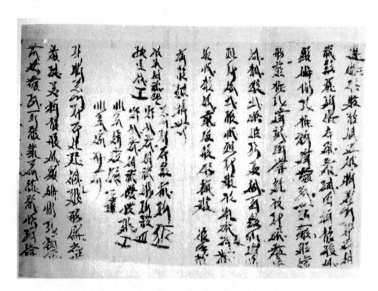

图 4-21　黑水城出土西夏文 Инв. No. 5147-1①光定午年契罗寿长势贷粮抵押人契

译文为：

> 光定午年三月十六日，立契者契
> 罗寿长势，今向梁犬铁处借八石麦，本
> 利共计十二石，备好二十岁的使军弥药
> 奴一名，现已典押，犬铁经手，
> 付粮食。期限同年七月一日当聚集粮食
> 来还。过期不还时，典人犬铁将取走，
> 无异议。若有争讼反悔时，依官法罚交
> 三石麦，服。
>
> 　　　　立契者寿长势（画押）
> 　　　　同立契者契罗阿势子（画押）
> 　　　　同立契者契罗禅定宝（画押）

　　　　证人地康烂疤（画押）

　　　　证人月奴有

　　抵人契罗长长

　　盛经手（画押）①

　　使军属于缺乏人身自由、可以被买卖的地位低下阶层。借贷粮食的契罗寿长势是占有使军的主人，他以使军奴为抵押借贷 8 石麦的本粮。在西夏契约中，使军无姓氏，只有名字，弥药奴为该使军的名字。

　　很多西夏文抵押借贷粮食的数量比普通借贷的数量要多，债权人为了保障自己的利益，需要以借贷者的抵押物为担保。由上可见，抵押物既有动产，也有不动产，甚至还有人。抵押借贷契约也多订立于春夏之交的缺粮时节。抵押借贷对缓解灾情也起到一定积极作用。

# 第五节　防病治病

　　随着社会的不断发展，各民族对自然环境的认识不断加深，对卫生与疾病的了解也逐步深入。西夏人为预防、治疗疾病也采取了很多措施。

## 一　卫生习俗

　　尽管时代条件有限，西夏人还是养成了讲究卫生、喜洁净、厌肮脏的习惯。西夏的卫生情况在《文海》字条的解释中有所反映。如对"净"的解释为："清净也，鲜洁也，无垢秽之谓也。"对"脏"字的解释是："染污垢，沾污粪，烟熏之谓。"又释"弄脏"为"令臭，使不净也"。对"污"的解释是："染也，熏也，结垢腻也，有黑斑之谓也。"西夏人对食物也讲

---

① 西夏文 Инв. No. 5147-1①光定午年契罗寿长势贷粮抵押人契，出土于内蒙古自治区额济纳旗黑水城遗址，今藏俄罗斯科学院东方文献研究所手稿部，同上残卷，有署名、画押。图版见俄罗斯科学院东方研究所圣彼得堡分所、中国社会科学院民族研究所、上海古籍出版社编《俄藏黑水城文献》第 14 册，第 22 页。原图版印制不全，此处补全图版。又见史金波《俄藏 5147 号文书 10 件西夏文贷粮契译考》，《中国经济史研究》2020 年第 3 期。

究干净、新鲜。《文海》对"烂"的解释是："腐烂也，坏也，肉无津之谓。"① 总之，西夏人对脏和净的概念是非常明确的。

西夏为求洁净、除污垢，有洗涤和沐浴的卫生习惯。《文海》解释"涤"谓："洗涤也，洗浴也，涤也，洗也，为除污垢之义是也。"又释"洗"为"洗浴也，洗也，澡浴也，除污垢使洁净也"。又释"澡"为："澡浴也，浴也，为除污垢之谓。"为保持清洁，扫除是不可少的。《文海》有关于"扫帚"的解释："帚也，扫除帚也，扫除治清洁也。"释"扫除"条谓："清除也，除却也，使清尘埃之谓。"② 当时虽然生活水平低，卫生条件差，但西夏人仍然在有限的条件下，保持讲究卫生的良好习俗。

## 二 以巫治病和以医治病

西夏的医疗水平随着社会的进步也在逐步提升。党项人原来生病不用医药，只求之于神明，卜问占师。《辽史》记载："病者不用医药，召巫者送鬼，西夏语以巫为'厮'也；或迁他室，谓之'闪病'。"③

《文海》认为导致疾病的原因是"四大不和"。《文海》中"病""患病""疾"条都解释为"四大不和之谓也"。④ 所谓"四大不和"导致疾病的理论来源于印度，由佛经传译而来。佛法以为，世界和人体主要由地、水、火、风四大元素构成。四大元素协调则身体健康；四大元素中若有偏增，则引起四大不和，四大不和则生病。

然而在西夏社会中影响最大的还是中原地区传统中医学理论和医疗方法。中医学是由理论和实践经验组成的，是医生和劳动人民长期积累和总结的成果。西夏从中原地区获得了先进的医疗知识。毅宗谅祚时，乞求宋朝赐予包括医书在内的书籍，宋朝以国子监所印九经及正义、《孟子》、医书赐夏国。⑤ 中原地区的医书、医药逐渐在西夏流行。

当然，西夏的医药水平比起中原王朝要逊色。除上述宋朝赐给西夏医

① 史金波、白滨、黄振华：《文海研究》，第400页。
② 史金波、白滨、黄振华：《文海研究》，第459、462、501、537、502、548、515、522页。
③ 《辽史》卷一百一十五《西夏外纪》。
④ 史金波、白滨、黄振华：《文海研究》，第410、475、533页。
⑤ （宋）李焘：《续资治通鉴长编》卷一百九十八，仁宗嘉祐八年（1063年）四月丙戌条。

书外，仁宗时权臣任得敬得病，向金朝求医，金朝派大夫王师道到西夏为其治病，后获痊愈。桓宗时，太后得病，又向金朝求医，金朝派大夫时德元和王利贞前往治疗，并送医药。①

《文海》中还有对某些病因的解释，如"血塞也，血脉病续断不通之谓也""疾也，病也，血脉不通之谓"。这些都说明西夏的医药有理论基础，可能也是受中原影响。西夏人了解有些疾病可以传染。《文海》中对"药"的解释是"汤药也，搅和可医治病患之谓"。《文海》有"传染"条："传染也，染病也，染恶疮等之谓。"② 另外，还知狂犬病也可以传染，并对其有科学的防范。如《天盛律令》规定："有犬染狂病者当拘捕，恶犬及牲畜桀厉显而易见者当置枷。若违律时，庶人十三杖，有官罚钱五缗。"③

## 三 医药机构

西夏政府重视医疗，学习中原地区的成法，在政府机构中有专门负责医疗的医人院，属中等司。与重要机构大恒历司、都转运司、陈告司、都磨勘司、审刑司、群牧司、农田司、受纳司、边中监军司等同级。又有制药司，属末等司。④

西夏对皇室成员的疾病治疗十分重视，除"医人小监依内宫法出入以外，应有小医人每日在药房内"，"和御供膳及和药等中，不好好拣选，器不洁净等，一律徒二年"。⑤ 在内宫的职事人员患有疾病时，有医人看病。看来西夏有专门给内宫看病的医人小监和医人。《天盛律令》规定：

> 待命当值者中……又有染疾病，亦由医人视之，实染疾者，医人当只关，一起奏报给期限。⑥

---

① 《金史》卷一百三十四《西夏传》。
② 史金波、白滨、黄振华：《文海研究》，第506、414、504、511页。
③ 史金波、聂鸿音、白滨译注《天盛改旧新定律令》第八"相伤门"，第298页。
④ 史金波、聂鸿音、白滨译注《天盛改旧新定律令》第十"司序行文门"，第372页。
⑤ 史金波、聂鸿音、白滨译注《天盛改旧新定律令》第十二"内宫待命等头项门"，第433、435页。
⑥ 史金波、聂鸿音、白滨译注《天盛改旧新定律令》第十二"内宫待命等头项门"，第442页。

西夏皇帝每年腊月还赏赐大臣们药物。《圣立义海》"腊月之名义"中"年末腊日"条："……准备诸食，升御圣影（像），准备供祀天神，赏赐臣僚风药。"风药可能是治疗冬天咳嗽、风寒之类的药。[①]

在西夏，牢狱中的犯人也有医治疾病的权利。《天盛律令》有明确规定，囚人染疾病不医，及应担保而不担保，疏忽失误而致囚死时，有关官员都要依据情节轻重判处期限不等的徒刑。[②]

### 四　医方和医疗

近代出土的文献有不少与西夏疾病有关。目前所见西夏的医书、医方主要出自黑水城的文献，经初步整理共有西夏文文献 10 个编号，19 件。有的是书册形式，有的是长卷形式，有的是单页形式，共计 100 面左右。其中《治热病法要门》有 19 页 38 面和一些残片，《明堂灸经》有 10 页 17 面，一种草书药方长 204 厘米，另一种草书药方竟长达 400 厘米。从药方、药名、病名、制药和服药方法看，其受中原地区医学影响较大，此外还有一些与医学有关的占卜书。黑水城遗址还出土一些汉文医学文献，与西夏文文献有连带关系，可对比研究。另外，中国武威地区也出土了一些医方。

其中有西夏文写本《治热病法要门》，有 30 多种医方，多为治疗热病、妇科、男科和疮痈之类疾病的方法，如治热病全身发热上火，治热病血流不止，治妇人阴内流血不止，治妇人不孕，治妇人乳病，治妇人产后出血，治妇人内中血风有肉瘤，治男女常年内中有硬瘤口舌干燥，治妇人产后渴不止，治妇人血病不止，治善疮已出，治百种一切恶风疮，治男子恶疮流脓不止，治恶疮多年流脓血不止，治身上出红硬风疮，治干湿痈疮，治男根上出疮等。其中的药物、制药方法、服法有的和传统中医药一致，一般不用多种药配伍，有的则带有偏方、验方的性质。如治疗干湿痈疮，将花虫做成白浆末，与羊脂混后涂于疮上则痊愈（见图 4-22）。[③]

西夏文《文海》也提到治疗癫疮的药，大抵也属偏方之类："松、柏、

① 克恰诺夫、李范文、罗矛昆：《圣立义海研究》，第 55 页。
② 史金波、聂鸿音、白滨译注《天盛改旧新定律令》第九"行狱杖门"，第 334~335 页。
③ 俄罗斯科学院东方研究所圣彼得堡分所、中国社会科学院民族研究所、上海古籍出版社编《俄藏黑水城文献》第 10 册，第 200~210 页。

草、尿、粪等之浆是，癞疮药用是
也。"① 西夏时期生活艰苦，卫生条
件差，生疮痈疖癞者很多，治疗这
些病症成为重要的医疗内容。西夏
谚语有："臭肉不挖癞疮不愈，脚
刺不除跛脚不止。"②

《明堂灸经》是另一种西夏文
写本医书，为中原地区针灸书的译
本，封面题有"明堂灸经第一"，
又题《新译铜人刺血灸经》，卷尾
佚。③《明堂灸经》传为黄帝所作。
西夏文《明堂灸经》提到"孙思邈
《明堂经》中说……"又有"诸人
莫生疑，当依此作"，看来此书被

图 4-22　西夏文写本《治热病法要门》

视为权威针灸著作，应是西夏据中原医书改编的著作。西夏社会中确有针
刺治病之法。《文海》"扎针"条注释："病患处铁针穿刺使血出之谓。"④
西夏文《明堂灸经》证明西夏也继承了中国传统的针灸学（见图 4-23）。

黑水城出土一件西夏文医方残页 Инв. No. 911（见图 4-24），有治疗牙
齿病痛、消瘦不止、热寒恶暑、腰痛及胃寒、肾虚耳鸣、妇人乳痛、口疮、
目眩、目赤等内容。每一药方中都有所治病症，若是成药还有药名，如四
白丸、芍药柏皮丸、豆蔻香莲丸、返阳丹、豆冰丹、黄芪丸、五倍丸，有
的则没有成药名；然后列所用中药名及所用药量；最后是制作方法和服用
注意事项。如一种"治内脏出血四白丸：白石脂、白龙骨、大石风、南矾，
以上各半两数，捣为细末，置酒面糊中，作成梧桐果大小丸各一，分三次

① 史金波、白滨、黄振华：《文海研究》，第 548 页。
② 陈炳应：《西夏谚语——新集锦成对谚语》，第 16 页。
③ 俄罗斯科学院东方研究所圣彼得堡分所、中国社会科学院民族研究所、上海古籍出版社编
《俄藏黑水城文献》第 10 册，第 211~219 页。
④ 史金波、白滨、黄振华：《文海研究》，第 522 页。

饮，两次以温酒服，一次以洗米清汁服"。① 可见西夏用药方法和中原地区是相同的，就连服药的药引习惯也与中原地区相似。上述药方中四白丸，"两次以温酒服，一次以洗米清汁服"；芍药柏皮丸，"饭汤汁中饮"；豆蔻香莲丸、黄芪丸，"空腹时蒸米汁中饮"；返阳丹，"空腹时温酒中饮"；治妇人乳痛，"以热酒饮"；天雄散，"温酒中饮，白米汁亦可"。用药时对饮食也有禁忌的习惯，如芍药柏皮丸、豆蔻香莲丸，"禁食油腻热食"；黄芪丸，"禁肉、荞麦"；治口疮，"禁油腻"。

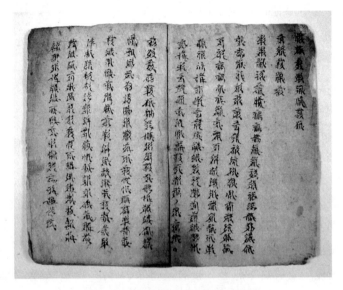

图 4-23　西夏文写本《明堂灸经》

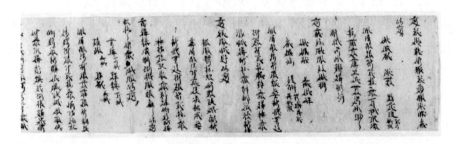

图 4-24　西夏文 Инв. No. 911 写本药方

① 俄罗斯科学院东方研究所圣彼得堡分所、中国社会科学院民族研究所、上海古籍出版社编《俄藏黑水城文献》第 10 册，第 222 页。

黑水城遗址出土的汉文医书《神仙方论》（见图4-25），多为成药制法和服法。其中有药名，如治脾胃不和姜合丸、治气毒不化香鸽散、治暴赤眼如桃玉龙膏、治肾脏风及风毒流注潘家黄耆丸、治疾左瘫右痪神妙痪服丸、治中风口眼㖞斜一字散、治赤白痢赤石丸、治一切中风口眼㖞斜及妇人产后血气不顺四肢失呆龙虎丹、治大风疾方、治肠风鸡冠花丸、治一切传尸劳吊虫丸。其用药、制法和服法与传统中药相同。如治脾胃不和姜合丸：

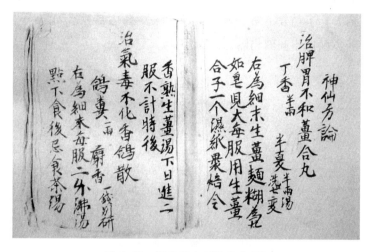

**图4-25　汉文写本《神仙方论》**

丁香半两，半夏半两，汤洗七变。

右为细末，生姜面糊为丸，如皂儿大。每服用生姜合子一个，湿纸裹焙令香熟，生姜汤下，日进二服，不计时后。①

前述黑水城还出土有一件汉文医方残卷，其中有神仙透风丹、治诸风乌金丸（杨知观方）、治牙痛如圣散、治风凉鬲藁荷散方、治□脑风鼻塞及眼中翳膜卒害赤眼并治诸风清脑如圣散、千金膏治诸般恶疮并臃肿方、雄黄丸治诸般疮肿一切暗风、治风痹手足不遂筋脉挛急等乌荆丸、治瘰疬痔

---

① 俄罗斯科学院东方研究所圣彼得堡分所、中国社会科学院民族研究所、上海古籍出版社编《俄藏黑水城文献》第5册，第288～292页。

疾等一铤金、治嗝气延龄丸、治五噎粥食不下对食散、生肌药等。其药方中的医方名、所治病症、药名、用药量、制作方法和服用注意事项与前述医方相类。[1]

此外，黑水城还有多种西夏文医书。在远离西夏统治中心的边远城市中有这么多的西夏文和汉文医书、医方，证明西夏的医药、医疗已经具有相当水平。

1971年在甘肃武威发现的西夏遗物中，有一件西夏文写本药方残页，包括三个药方，下稍残，第一药方前缺，第三药方后缺，只有第二药方基本完整，药方间以小圆圈相隔（见图4-26）。

图4-26 武威出土西夏文药方残页

译文为：

弃除……好好煮，连续翻动，水减时，屡屡加水，煮至熟时……

---

① 俄罗斯科学院东方研究所圣彼得堡分所、中国社会科学院民族研究所、上海古籍出版社编《俄藏黑水城文献》第4册，第174~189页。

另盛小腹□□，便于清晨空腹时，将此汤原碎药腹中……

时，搅拌令温，每次一升，趁热服，有则宜温好秫米……

亦当每次服一（升），连续常服，则伤寒悉除也。此乃厚罗辛麻 汤

治疗病法要论也。〇治除百种伤寒，长寿头发 变黑

牛膝、狼毒子等数，研为粉末，搅于面糊中，做成豌豆

许状，于空腹时，每次十粒，温水送下。〇治寒气方，

开嘴花椒，于翌晨空腹时，（取）新冷水，服二十一粒，面东……①

第二药方是治疗伤寒病的药方。此三个药方中所列药名有传统中药牛膝、狼毒子、花椒、秫米等，煎法、服法也与传统中医一致。

## 五　医药及保管

西夏盛产药材。很多药材是西夏特产，有的用来和宋朝进行贸易，其中有麝脐、羱羚角、柴胡、苁蓉、红花等。② 特别是枸杞、大黄久负盛名，对当地的医药发展有很大推动作用，至今仍驰誉中外。13 世纪初，蒙古军队破西夏灵州后，具有远见卓识的耶律楚材攫取了两驮大黄。后来蒙古军染病者很多，幸得有事先备好的药材大黄，才治好了上万人的疾病。③ 马可·波罗也记载肃州等地之山"并产大黄甚富，商人来此购买，贩售世界"。④

《天盛律令》在记各类配备战具的人员中有"采药"一职，⑤ 证明西夏有专职的采药工。

西夏医病所用药品种类很多，与中原地区常用医药相差无几。《天盛律令》第十七"物离库门"记载了在仓库中的药品允许有多大比例的损耗，

① 史金波：《〈甘肃武威发现的西夏文考释〉质疑》，《考古》1974 年第 6 期；陈炳应：《西夏文物研究》，第 308～311 页；史金波：《西夏社会》，上海人民出版社，2007，第 780～781 页。
② 《宋史》卷一百八十六《食货志下八》。
③ 《元史》卷一百四十六《耶律楚材传》。
④ 《马可波罗行纪》第五十七章，冯承钧译。
⑤ 史金波、聂鸿音、白滨译注《天盛改旧新定律令》第五"军持兵器供给门"，第 224 页。

从中可以看到西夏常用药品和它们的耗减量。在"和合药剂用酒、生药等耗减法"一条中，具体记载232种生药，多为中原传统医药（见图4-27）。

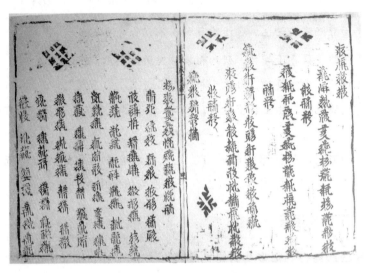

图4-27 《天盛律令》中的药名

如：

> 一等因蛆虫不食，不耗减：朱砂、云母、玉屑、钟乳、空青、禹余粮、紫石英、菩萨石、雄黄、雌黄、硫磺、水银……
>
> 一等蛆虫不食而应耗减，一斤可耗减一两：矾石、赤石脂、白石脂、硇砂、虎骨、沉香、琥珀、葛贼、乳香、檀香、紫矿、乌药、麒麟竭、没药……
>
> 一等蛆虫食之不耗减：犀角、羚羊角、牡蛎。
>
> 一等蛆虫食之耗减，一斤耗减二两：常山、龙贞、天门冬、大黄、何首乌、宫黄、甘草、知母、天麻、葛荆、甘松、京三轮、苦勾加、白芨、白莲、丁辛、木贼、白芷、索赞仁、母猪苓、木鳖子、白豆蔻……①

---

① 史金波、聂鸿音、白滨译注《天盛改旧新定律令》第十七"物离库门"，第549~552页。

　　西夏法典中记载的库存药品不同于一般文献记载的药品，应是备用药，是西夏社会行医时实用的药品，其中很大部分是常用药，也有一部分是贵重药。西夏政府分门别类地规定了药物的耗损限制，加强了药品的管理，保证了合格药品的供应。

　　西夏汉文本《杂字》"药物部"专门罗列了各种药材 144 味药品（见图 4-28）。[①]

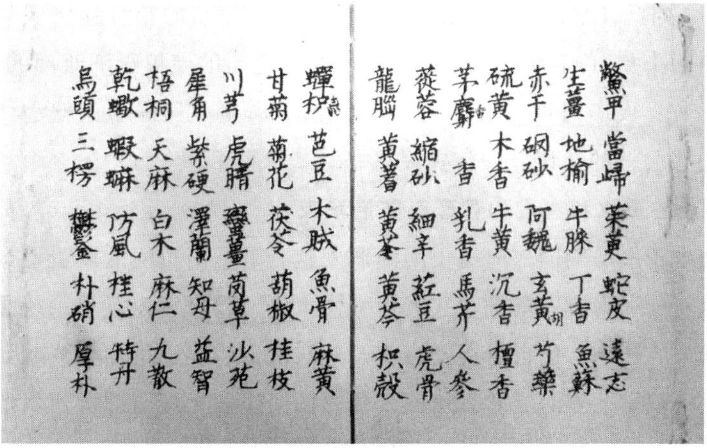

图 4-28　西夏汉文《杂字》中的药名

　　两种文献记载除去重复者外，共有 300 多种药，可见西夏的用药种类是很丰富的。西夏时期使用这么多种药品，可见当时医疗事业的发展水平，也可知西夏的医疗风尚和中原地区大同小异。这些药品为认识和研究西夏的医药提供了宝贵资料。

# 第六节　西夏应灾的经验教训

　　西夏王朝在临灾时，采取了一些应灾措施，也起到一定的积极作用，

———————

[①]　史金波：《西夏汉文本〈杂字〉初探》，白滨等编《中国民族史研究》（二）。

积累了经验。但因统治者只考虑自己的统治利益，不可能从根本上关心受灾的困苦群众，因此也出现了不少问题，有不少教训。

## 一 应灾经验

### （一）建立了赈灾机构，立赈法赈济灾民

西夏虽是小国，政府机构不像中原王朝那样完备，但仍有"提赈"这样的赈济机构。事实上，西夏政府在某些灾害期间也采取了一些赈济措施。如大安十一年（1084年）惠宗下令调运甘州、凉州的粮食接济银川、夏州度荒；贞观十年（1110年）崇宗命发灵州、夏州的储粮赈济西部的瓜、沙、肃等州旱灾；大庆四年（1143年）立赈法，广立井里赈恤；乾定二年采纳殿中御史张公辅的建议，赈济灾民。

### （二）注重水利建设和管理，防治旱灾

西夏处于多旱地区，但历史上灌溉发达，是利用黄河灌溉受益最大的地区。西夏充分利用历史基础，并大力兴修水利，强化境内黄河系统灌溉和其他河流灌溉的管理，使自身受益良多，这对抗击旱灾、增加收成起到关键作用。西夏还积累了治河经验，培养了优秀的河工。元代治理黄河大泛滥冲坏的山东段黄河堤埽时，负责西岸施工的就是征自灵武的"夏人水工"。[①]

### （三）储存大量粮食

根据文献记载，西夏有很多大型窖藏，储存了大量粮食。西夏法典还对粮食储藏及耗减做了专门规定。这对经常发生灾害的西夏来说是十分必要的。

### （四）重灾时减免租税，减轻贫民负担

政府收取的租税是财政的主要来源。西夏遇到重大自然灾害时，也有减免租税的举措。如大庆三年（1142年）因自然灾害造成严重饥荒，仁宗下令对灾区中兴府、夏州民众依据灾情轻重减免租税，有一定力度。

### （五）利用宗教活动，赈济、安抚贫民

西夏提倡佛教，国人多信佛教，西夏统治者在做佛教法事活动时，对极端贫困的人采取一些救济措施。虽施舍不多，但对信奉佛教的百姓来说，也能达到精神抚慰的效果。

---

① 《元史》卷六十六《河渠志》。

## 二　应灾教训

### （一）战事频仍，民不聊生

西夏自宋朝分立而成，自一开始即与宋朝战事不断。此外，西夏与辽、金也征战不已，与西面的回鹘、吐蕃也经常刀兵相见。综观西夏两个世纪，几乎每年都有战事。战争需要征调大量士兵，而作为男子全民皆兵体制的西夏，士兵也是劳动力。频繁的战争会削弱对农业劳动力的投入，包括兴修水利在内的农事会大受影响。西夏晚期，蒙古入侵，还与金朝构兵，御史中丞梁德懿曾上书："国家用兵十余年，田野荒芜，民生涂炭，虽妇人女子咸知国势濒危。""遵顼恶其言，直面诘之，令致仕。德懿虽世胄，性恬，退归后十余年，逍遥山水而卒。"①

### （二）未能充分利用中原王朝的大国援助

西夏作为宋、辽、金朝的属国，在受到严重的自然灾害时，可以向上国要求援助，这对西夏救灾是一个有利的条件。但西夏政府不是不向中原王朝求救，就是耍弄伎俩，提出为难条件，反而难以得到援助。

### （三）利用灾害，发动战争

前述宋朝和西夏同时发生旱灾，西夏国相梁乙埋为统治者私利，不思救灾，反而遣人以财物招诱宋朝熟户逃往西夏，挑起边界纠纷，就是其中一例。

### （四）过度开发，环境恶化

西夏时期为增加粮食产量，过度开垦，国家法律提倡、奖励开垦荒地，但植被遭到破坏，沙化加速。西夏对森林也过度砍伐。《圣立义海》在描述贺兰山时记载："山黑郁郁万种树，民庶用伐无不觅。"西部山区的树木也遭砍伐，"树稠林茂，人用伐，烧炭，冬燃"，"长短诸树，用皆伐，熔石炼铁，民制器"。② 可见当时砍伐树木是毫无限制的。

### （五）救济少，力度小

西夏有记载的自然灾害比实际发生的自然灾害要少得多，在有记载的

---

① （清）吴广成：《西夏书事》卷四十一。

② 俄罗斯科学院东方研究所圣彼得堡分所、中国社会科学院民族研究所、上海古籍出版社编《俄藏黑水城文献》第 10 册，第 249~250 页；克恰诺夫、李范文、罗矛昆：《圣立义海研究》，第 59~60 页。

自然灾害中，有政府救济记录的更少，仅有几次，并且一般救济力度小，灾民在灾害面前处于无助地位。

**（六）借贷是救灾的一把双刃剑**

西夏的民间借贷和典当很发达，而且有国家法典作为规范，这在一定程度上缓解了受灾期间民众的困苦，特别是灾荒后的缺粮问题；但高利贷本身又使借贷者背负上更沉重的经济包袱，造成贫困的恶性循环。

# 结　语


通过以上论述，我们对西夏的历史沿革与自然人文状况，西夏的灾情历史及其时空分布和特点，西夏灾害的危害与影响，西夏救灾防灾措施、效果和经验教训有较为系统的了解。但应该指出的是，关于西夏的自然灾害，由于历史文献缺乏记载，我们了解得仍然比较少。可以想见，地处自然环境较为恶劣的西夏，其自然灾害实际上应该还有很多。

历史是一面镜子，从历史中可以吸收很多营养，总结经验教训，起到鉴古知今的作用。在对自然灾害的认识方面，同样也有很多历史经验可以总结和吸纳。

第一，西夏是中国一个偏于西北部的王朝，其自然条件不如中国东部和南部地区优良，自然灾害更多。中国作为一个大国，在国家统一时期可以加强政府的协调能力，在防灾减灾方面可以优劣互补，调剂有无，全国上下一方有难，八方支援，最大限度地动用全国力量防灾减灾。西夏作为局促于一隅的王朝，抗灾能力有限，较大的灾害往往成为影响巨大的全面灾害。中国幅员广大，有着多种地形地貌，有差别很大的气候条件，在历史上已经形成了各地区经济互补的密切联系。少数民族多居住在自然条件较差的边远地区，自然灾害频繁，且防灾减灾能力相对较差，需要全国的大力支持。

以明代嘉靖大地震为例，那次地震强度为 8 级，导致 83 万人死亡。当时的救灾主要由户部负责，在中央政府得到灾情报告后，还需要临时派遣钦差大臣前往震区坐镇。当时，户部左侍郎邹守愚作为钦差大臣被派往灾区，当地政府官员都需要配合钦差工作，进行赈济灾民、减免赋税和维护秩序等工作。

"以地震发银四万两赈山西平阳府、陕西延安府诸属县，并蠲免税粮有差。""以陕西地震，诏发太仓银万两于延绥、一万两于宁夏、一万五千两于甘肃、一万两于固原，协济民屯兵饷……停免夏税。"① 朝廷这些举措在很大程度上缓解了受灾人民的困境。

但西夏处于和中原王朝对立的状态，隔断了与中原地区的亲密往来，在遇到自然灾害后，得不到自然条件、经济实力更好的地区的支援。因此，维护全国的统一和各民族团结，是一直要切实遵循的最基本原则，从防灾减灾的角度看也是非常必要的。

第二，国力是防灾减灾的基础。有强大的综合国力，有雄厚的经济实力，是防灾减灾的先决条件。西夏不仅地域较小，综合国力偏弱，还将很多资源用于战争和战争准备，这样就消耗了大量社会资源，减弱了防灾救灾的能力。不仅如此，有时为了赢得战争，还人为制造灾害。如决河水灌敌军，结果造成民众的重大伤亡。保持和发展综合国力是防灾救灾的重要基础。一个国家的防灾减灾能力，也应当纳入其综合国力的指标体系，成为衡量一国综合国力的一个重要标准。

第三，科学有效救灾是根本。西夏时期，处于中国的中古时期，社会生产力水平低下，科学技术也处于较低水平，对很多灾害的认识模糊不清，应对灾害缺乏必要的科学手段。当时认为自然灾害是上天的惩罚。特别是西夏统治者笃信佛教，迷信鬼神，一遇灾荒往往乞佛求神，如仁宗乞求诸神保佑黑水河不再泛滥成灾，多位皇帝、皇太后聚僧诵经，花费巨资印发数万卷乃至数十万卷佛经，乞求五谷丰登，但真正实质性的防灾抗灾措施往往不力。当今人类已经进入21世纪，科技飞速发展，对自然灾害有了科学的认识，同时也逐渐有了更科学、更有效的应对措施，注重生态环境保护和生态文明建设，避免过度开发。科学认识和应对自然灾害是人类永恒的主题，应给予足够的重视，并下大力气推进。时代不同，自然灾害的防治重点和措施也会有变化。如中国在建设国家生态安全屏障、构建生物多样性保护网络，保护森林、草原和湿地生态系统，以及修复生态退化地区，包括综合治理水土流失、推进荒漠化石漠化治理、维护修复城市自然生态系统等方面，进一步创新科技，提高技术支撑能力和保障服务水平。同时加

① 《明实录·世宗实录》卷四百三十二，嘉靖三十五年（1556年）二月，上海书店出版社，2015。

强生态环境监测网络建设，建设涵盖大气、水、土壤、噪声、辐射等要素，布局合理、功能完善的全国环境质量监测网络，实现生态环境监测信息集成共享。健全国家、省、市、县四级联动的突发环境事件应急管理体系，深入推进跨区域、跨部门的突发环境事件应急协调机制建设。加大科普宣传力度，提高全社会生态环境保护意识，推动绿色消费，建立生态环境监测系统统一发布机制，全面推进大气、水、土壤等生态环境信息的公开。

第四，人民生活水平低下是防灾救灾的软肋。西夏时期，社会生产力水平低下，社会基层多数家庭生活困苦，一遇灾荒往往需要借贷、典当，甚至出卖牲畜和土地，很快陷入赤贫，流离失所，造成社会更大的动荡。因此，要发展社会经济，使基层民众富裕起来，只有这样，才能在灾害来临时，使民众有足够的过渡和应对期，逐步度过灾荒。当今世界虽已进入现代社会，但贫困人口数量依然巨大，特别是第三世界国家，贫困人口比例更大。中国政府长期以来实行的扶贫政策和有力措施，大大减少了贫困人口，成为世界减贫的典范。防灾减灾和扶贫减贫可以而且必须相辅相成。在扶贫过程中的防灾减灾工作中，在应对自然灾害的同时，应该将意外灾害课题摆在同样重要的位置，提高全民预防意外灾害的意识，为扶贫工作的顺利开展保驾护航。

中国是世界上自然灾害最为严重的国家之一，灾害种类多、分布地域广、发生频率高、造成损失重。在全球气候变化和中国经济社会快速发展的背景下，中国的自然灾害损失不断增加，重大自然灾害乃至巨灾时有发生，中国面临的自然灾害形势严峻复杂，灾害风险进一步加剧。

中国政府为减灾事业付出了巨大努力，取得了令世人瞩目的伟大成就，但也应该看到，中国的减灾工作还存在一些薄弱环节，有待改善。

自然灾害是人类面临的共同挑战，减灾是全球的共同行动。世界各国应加强合作，为减轻灾害风险和减少灾害损失，促进人类社会的发展进步做出不懈努力。中国自 2009 年起，规定每年 5 月 12 日为全国防灾减灾日，体现了国家对防灾减灾工作的高度重视。通过设立"全国防灾减灾日"，定期举办全国性的防灾减灾宣传教育活动，有利于进一步唤起社会各界对防灾减灾工作的高度关注，增强全社会的防灾减灾意识，普及全民防灾减灾知识和学习避灾自救技能，提高各级综合减灾能力，最大限度地减轻自然灾害带来的损失。

# 参考文献

《史记》，中华书局点校本，1976。

《隋书》，中华书局点校本，1973。

《北史》，中华书局点校本，1974。

《旧唐书》，中华书局点校本，1975。

《新唐书》，中华书局点校本，1975。

《旧五代史》，中华书局点校本，1976。

《新五代史》，中华书局点校本，1974。

《宋史》，中华书局点校本，1977。

《辽史》，中华书局点校本，1974。

《金史》，中华书局点校本，1975。

《元史》，中华书局点校本，1976。

《明史》，中华书局点校本，1974。

（宋）司马光：《资治通鉴》，中华书局，1956。

（宋）司马光：《涑水记闻》，邓广铭、张希清点校，中华书局，2017。

（宋）李焘：《续资治通鉴长编》，中华书局，1979。

（宋）马端临：《文献通考》，中华书局，1986。

（宋）乐史：《太平寰宇记》，中华书局，2000。

（宋）曾巩：《隆平集》，文渊阁四库全书本。

（宋）沈括：《梦溪笔谈》，中华书局，1962。

（宋）苏轼：《苏轼文集》，中华书局，1986。

（宋）王巩：《闻见近录》，《古逸丛书三编》第八种，中华书局，1984。

（宋）洪皓：《松漠纪闻》，中华书局，1984。

（宋）庄绰撰，萧鲁阳点校《鸡肋编》，中华书局，1983。

（宋）郑樵：《通志》，中华书局，1987。

（宋）王应麟：《玉海》，上海古籍出版社，1992。

（宋）郭茂倩编《乐府诗集》，四部丛刊本。

（西夏）骨勒茂才著，黄振华、聂鸿音、史金波整理《番汉合时掌中珠》，宁夏人民出版社，1989。

（明）胡汝砺编，管律重修，陈明猷校勘《嘉靖宁夏新志》，宁夏人民出版社，1982。

（清）《全唐诗》，清康熙四十四年刻本。

（清）吴广成：《西夏书事》，清道光五年小砚山房刻本。

（清）杨江：《河套图考》，咸丰七年刻本，陕西通志馆，1936。

（清）张鉴：《西夏纪事本末》，清光绪十一年刻本。

（清）张澍：《养素堂文集》，清道光十七年刊本。

戴锡章编撰，罗矛昆点校《西夏纪》，宁夏人民出版社，1998。

俄罗斯科学院东方研究所圣彼得堡分所、中国社会科学院民族研究所、上海古籍出版社编《俄藏黑水城文献》（1~31 册），上海古籍出版社，1996~2020。

史金波、陈育宁主编《中国藏西夏文献》（第 1~20 册），甘肃人民出版社、敦煌文艺出版社，2005~2007。

中国科学院历史研究所资料室编《敦煌资料》第 1 辑，中华书局，1961。

史金波、白滨、黄振华：《文海研究》，中国社会科学出版社，1983。

宁夏博物馆发掘整理，李范文编释《西夏陵墓出土残碑粹编》，文物出版社，1984。

敦煌研究院编《敦煌莫高窟供养人题记》，文物出版社，1986。

史金波：《西夏佛教史略》，宁夏人民出版社，1988。

赵文林、谢淑君：《中国人口史》，人民出版社，1988。

史金波、白滨、吴峰云编《西夏文物》，文物出版社，1988。

陈炳应：《西夏谚语——新集锦成对谚语》，山西人民出版社，1993。

克恰诺夫、李范文、罗矛昆：《圣立义海研究》，宁夏人民出版社，1995。

宁可、郝春文：《敦煌社邑文书辑校》，江苏古籍出版社，1997。

史金波、聂鸿音、白滨译注《天盛改旧新定律令》，法律出版社，2000。

赫治清主编《中国古代灾害史研究》，中国社会科学出版社，2007。

李华瑞：《宋代救荒史稿》，天津古籍出版社，2014。

史金波总主编，塔拉、李丽雅主编《西夏文物·内蒙古编》，中华书局、天津古籍出版社，2014。

史金波总主编，俄军主编《西夏文物·甘肃编》，中华书局、天津古籍出版社，2014。

史金波总主编，李进增主编《西夏文物·宁夏编》，中华书局、天津古籍出版社，2016。

甘肃省博物馆：《甘肃武威发现一批西夏遗物》，《考古》1974年第3期。

史金波：《〈甘肃武威发现的西夏文考释〉质疑》，《考古》1974年第6期。

陈国灿：《西夏天庆间典当残契的复原》，《中国史研究》1980年第1期。

白滨、史金波：《莫高窟、榆林窟西夏资料概述》，《兰州大学学报》1980年第2期。

黄振华：《西夏天盛二十二年卖地文契考释》，白滨编《西夏史论文集》，宁夏人民出版社，1984。

史金波：《西夏汉文本〈杂字〉初探》，白滨等编《中国民族史研究》（二），中央民族学院出版社，1989。

杜建录：《西夏的畜牧业》，《宁夏社会科学》1990年第1期。

史金波：《西夏的职官制度》，《历史研究》1994年第2期。

聂鸿音、史金波：《西夏文本〈碎金〉研究》，《宁夏大学学报》1995年第2期。

刘菊湘：《西夏地理中几个问题的探讨》，《宁夏大学学报》1998年第3期。

李学江：《〈天盛律令〉所反映的西夏政区》，《宁夏社会科学》1998年第4期。

李虎：《西夏人口问题琐谈》，李范文主编《首届西夏学国际学术会议论文集》，宁夏人民出版社，1998。

余苇青：《试论西夏人消失的原因》，李范文主编《首届西夏学国际学术会议论文集》，宁夏人民出版社，1998。

刘华：《西夏南牟会遗址考》，《宁夏大学学报》1999 年第 1 期。

杨蕤：《西夏灾荒史略论》，《宁夏社会科学》2000 年第 4 期。

李蔚：《西夏灾害简论》，《国家图书馆学刊》增刊《西夏研究专号》，2002。

赵斌、张睿丽：《西夏开国人口考论》，《民族研究》2002 年第 6 期。

史金波：《国家图书馆藏西夏文社会文书残页考》，《文献》2004 年第 2 期。

史金波：《西夏粮食借贷契约研究》，中国社会科学院学术委员会编《中国社会科学院学术委员会集刊》第 1 辑（2004），社会科学文献出版社，2005。

史金波：《西夏户籍初探——4 件西夏文草书户籍文书译释研究》，《民族研究》2004 年第 5 期。

史金波：《西夏农业租税考——西夏文农业租税文书译释》，《历史研究》2005 年第 1 期。

孟宪实：《论唐宋时期敦煌民间结社的社条》，季羡林、饶宗颐主编《敦煌吐鲁番研究》第 9 卷，中华书局，2006。

史金波：《西夏的物价、买卖税和货币借贷》，朱瑞熙主编《宋史研究论文集》，上海人民出版社，2008。

杜建录：《黑城出土的几件汉文西夏文书考释》，《中国史研究》2008 年第 4 期。

乜小红：《论唐五代敦煌的民间社邑——对俄藏敦煌 Дx11038 号文书研究之一》，《武汉大学学报》2008 年第 6 期。

白述礼：《古灵州在今宁夏吴忠市考》，成建正主编《陕西历史博物馆馆刊》第 18 辑，三秦出版社，2011。

史金波：《黑水城出土西夏文卖地契研究》，《历史研究》2012 年第 2 期。

史金波：《西夏文军籍文书考略——以俄藏黑水城出土军籍文书为例》，

《中国史研究》2012 年第 4 期。

《马可波罗行纪》，冯承钧译，上海书店出版社，2000。

〔法〕马伯乐：《斯坦因在中亚西亚第三次探险的中国古文书考释》，伦敦，1953。

〔日〕西田龙雄：《西夏语〈月月乐诗〉的研究》，《京都大学文学部研究纪要》，通号 25，1986 年。

Е. И. Кычанов, Тангутский документ о займе под залог из Хара-хото Письменные памятника Востока, Ежгодник, 1972, М., 1977.

〔日〕松泽博：《西夏文谷物借贷文书私见》，《东洋史苑》第 46 号，1996 年 2 月。

# 后　记

　　自古以来，在人类文明繁荣的同时，灾害如影随形地伴随着人类历史的发展。大大小小的自然灾害不计其数。水灾、旱灾、虫灾、风灾、雪灾、地震、瘟疫等给人们的生命财产造成了难以估量的损失，自然灾害成为影响人类历史发展的最重要因素之一。当然这期间也使人们积累了抵御灾害的丰富经验。

　　在历史上大型流行病曾多次发生，但并不多见，人们面对重大疫情的恐慌和疫情期间生活上的诸多限制，使心理压力增大。特别是长期处于和平、安逸、舒适生活中的年轻人，更觉得难以忍受。我想，如果了解一下人类和中国的灾害史，可能会理顺心态，心平气和，从而达到顺势而为，渡过难关。

　　国内外关于流行病的记载可追溯到很早，远的不说，14世纪中期流行于欧洲的黑死病（鼠疫），其历时之长、影响之广实属罕见。欧洲有四分之一以上的人死于此病。当时人们不具备对传染病的科学理解和完全有效的治疗方法，但已经知道这种传染病与邻近性有关，并开始使用"隔离"的方法。随着人们免疫力的提高、隔离法的广泛运用、公共卫生系统的建立，特别是青霉素等有效药物的发现，鼠疫的防治步入了更加科学高效的时代。经过人类长期不懈的努力，终于将这个危害极大的传染病控制住了。

　　15世纪末，外来的天花病在美洲新大陆肆虐流行，当地数千万原住居民被无情地夺去了生命。几个世纪后，天花终于被人类彻底消灭。

　　中国古代称流行性疾病为瘟疫、疫气。汉朝末年曹植著《说疫气》，描述当时疫病流行的情况，"疠气流行，家家有僵尸之痛，室室有号泣之哀。或阖门而殪，或覆族而丧"。唐朝代宗时期，江东大疫，"死者过半"。金朝末年汴京（今河南省开封市）疫病大起，"都人不受病者万无一二，既而死者继踵不绝"。明朝万历年间"大同瘟疫大作，十室九病，传染者接踵而亡"。崇祯年间山西省先后两次暴发瘟疫，崇祯十年（1637年），山西全境瘟疫大流行，"瘟疫盛作，死者过半"，疫情传到河南地区，"瘟疫大作，死者十九，灭绝者无数"。

清朝末年，东北地区鼠疫蔓延迅速，吉林、黑龙江两省死亡近4万人。清政府派有学识、有能力的伍连德为全权总医官负责防疫工作。他在哈尔滨建立了第一个鼠疫研究所，并深入疫区调查研究，追索流行路径，同时采取了加强铁路检疫、控制交通、隔离疫区、火化鼠疫患者尸体、建立医院收容病人等多种防治措施，不久便控制了疫情，伍连德被誉为防疫科学的权威。

新中国成立后，高度重视公共卫生事业，下大力气防治流行性疾病，控制或基本消灭了诸如血吸虫、鼠疫、天花、疟疾、肺结核等对人民生命、健康造成重大伤害的疾病，取得了令世界瞩目的成就。可能很多人对2003年流行的非典型肺炎（简称"非典"）还记忆犹新。当时中国政府及时采取多项措施，果断阻击疫情，在几个月内便战胜疫情。

认真梳理历史上的灾害史和救灾史，实事求是地总结经验教训，坚持"人民至上、生命至上"的精神，全国上下拧成一股绳，一定能战胜疫情。

换个角度看，疫情灾害还会带来某些意想不到的进展和收获。一些学者研究后认为15世纪流行于欧洲的黑死病疫情，最后成为欧洲社会转型和发展的一个契机，不仅推进了科学技术的发展，也对文艺复兴、宗教改革乃至启蒙运动产生重要影响，从而改变了欧洲文明发展的方向。

我亲身感受到，由于新冠疫情，一些学术会议和讲座从现场变为线上，过去从全国各地赶往会议地点，每人都需要往返奔波几天，要支出大量差旅费、住宿费和其他会议费，现在线上会议省时省力省钱，提高了效率。这次疫情，促使网购迅速发展。货物产地可以直销，快递直接将货物送到家门口，消费者免受往返商场之劳，而且价格一般较为便宜，特别是对老年人购物更为适宜。我想这类感受各行各业都有不少。

疫情期间，我仅参加少量在北京市内的必要学术活动，免去了外地出差工作，专心宅在家里从容做计划内或临时承担的业务工作。每天依然保持工作 9 个小时，按时在家居小区内锻炼半小时，修身养性，陶冶自身。这期间出版了《西夏军事文书研究》（甘肃文化出版社，2021）和《西夏经济文书研究》的英译本（博睿出版社，2021）。当然这都是以前做过的工作。两年期间发表了 14 篇文章，还撰写尚待发表的十余篇文章。补充、修改这部《西夏灾害史》也是计划内的工作之一。算起来还没有耽误时间，可能少了一些外出和应酬，做学问的时间更集中一些。这也算疫情所致，因祸得福吧。

2022 年 4 月接到所里和院里老干部局通知，说《西夏灾害史》经过评审已通过院老干部局的出版资助项目的审议。我希望由社会科学文献出版社出版，联系出版社人文分社主任李建廷同志，愉快地达成了此书的出版合作意向。

说起来，我与社会科学文献出版社有不少学术交往。1998 年社会科学文献出版社社长谢寿光同志到民族研究所了解出版社需要出版的书。当时我正与本所同事亚森·吾守尔合作承担院重点项目"西夏和回鹘活字印刷术研究"，书稿尚未完成。寿光社长了解情况后，当即拍板确定将此项目纳入社会科学文献出版社出版计划。后由该社资深编辑黄燕生同志担任责任编辑。她是中国革命文化出版事业的前辈、我们民族研究所老领导黄洛峰的女儿。此书在作者和出版社的共同努力下，于 2000 年出版，书名为《中国活字印刷术的发明和早期传播——西夏和回鹘活字印刷术研究》。由于此书为中国活字印刷术提供了早期实物，论证了中国活字印刷术发明后的传播轨迹，为确立中国活字印刷术的发明权做出了贡献，出版后受到学术界的好评，中国社会科学院专门为此书的出版举办了发布会。后此书获得中国社会科学院优秀科研成果一等奖。

2011 年，我申报的"西夏文献文物研究"被批准为国家社科基金特别委托项目。作为首席专家，我又一次与社会科学文献出版社合作，将项目内设立的多项子课题研究成果作为"西夏文献文物研究丛书"列入出版社出版计划。这套丛书出版时仍由谢寿光社长做出版人，分社社长宋月华同志为项目统筹。几年后成果陆续完成，出版社先后出版专著 13 种，其中包括《王静如文集》（王静如）、《西夏文教程》（史金波）、《考古发现西夏汉文非佛教文献整理与研究》（孙继民等）、《西夏文〈经律异相〉整理研究》（杨志高）、《西夏文〈维摩诘经〉整理研究》（王培培）、《武威地区西夏遗址调查与研究》（黎大祥等）、《武威出土西夏文献研究》（梁继红）、《西夏姓名研究》（佟建荣）、《黑水城出土西夏文医药文献整理与研究》（梁松涛）、《西夏汉传密教文献研究》（崔红芬）、《西夏建筑研究》（陈育宁等）、《西夏文〈吉祥遍至口合本续〉整理研究》（孙昌盛）、《〈天盛律令〉与〈庆元条法事类〉比较研究》（刘双怡、李华瑞）等。这组集束丛书的出版，有力地推动了西夏研究的进程。

2007年，我在翻译、解读大量出土西夏文社会文书的基础上，申报国家社科基金项目"西夏经济文书研究"被批准立项，至2013年以优秀等级结项。《西夏经济文书研究》开辟了西夏研究的新领域，对破解"神秘的西夏"做出了一定贡献。完稿后，又在社会科学文献出版社宋月华、李建廷等同志的热心策划下，入选2016年度"国家哲学社会科学成果文库"。此书于2017年3月出版，并获社会科学文献出版社2017年度优秀原创图书奖。当年5月17日中宣部在北京召开构建中国特色哲学社会科学工作座谈会，在会上为2016年度"国家哲学社会科学成果文库"入选作品的18位作者代表颁发荣誉证书，刘云山同志为我颁发了证书。2018年该书获"第五届郭沫若中国历史学奖"二等奖。

2017年再度与社会科学文献出版社合作，将我在该社出版的《西夏经济文书研究》申请为国家社科基金中华学术外译项目，由该社国际出版分社社长李延玲和吕秋莎二位策划，由在哈佛大学留学的青年学者李汉松担纲英文翻译。《西夏经济文书研究》的英文译本于2021年6月由国际著名的博睿（Brill）出版社出版，书名 *The Economy of Western Xia—A Study of 11th to 13th Century Tangut Records*（《西夏的经济：11~13世纪西夏文书研究》）。

2018年又一次与社会科学文献出版社合作，将我在该社出版的《西夏文教程》申请为中国社会科学院创新工程学术著作翻译出版（中译外）资助项目，仍由李延玲和吕秋莎二位策划，由李汉松任英文翻译。此书于2020年6月由博睿出版社出版，书名 *Tangut Language and Manuscripts: An*

*Introduction*（《西夏的语言和文献导论》）。

　　两种有关西夏的研究著作译为英文出版，把中国的西夏研究成果介绍到国外，推动了西夏学的国际交流。两书出版后，都引起了学术界和媒体的关注。其中社会科学文献出版社的肇始策划、有力推动、组织联络功不可没。

　　此次出版《西夏灾害史》又是一次与社会科学文献出版社的续缘合作。对此次责任编辑李建廷等同志和文稿编辑贾全胜同志的认真编校、精心出版表示真诚的谢意！

史金波

2022 年 5 月 9 日于北京南十里居寓所

图书在版编目（CIP）数据

西夏灾害史 / 史金波著. -- 北京：社会科学文献
出版社，2024.11
　（中国社会科学院老年学者文库）
　ISBN 978-7-5228-2788-9

　Ⅰ.①西…　Ⅱ.①史…　Ⅲ.①自然灾害-历史-中国
-西夏　Ⅳ.①X432.1

　中国国家版本馆 CIP 数据核字（2023）第 219523 号

中国社会科学院老年学者文库
西夏灾害史

著　　者／史金波

出 版 人／冀祥德
责任编辑／李建廷
责任印制／王京美

出　　版／社会科学文献出版社（010）59367215
　　　　　地址：北京市北三环中路甲 29 号院华龙大厦　邮编：100029
　　　　　网址：www.ssap.com.cn
发　　行／社会科学文献出版社（010）59367028
印　　装／三河市尚艺印装有限公司

规　　格／开　本：787mm×1092mm　1/16
　　　　　印　张：15.75　字　数：241 千字
版　　次／2024 年 11 月第 1 版　2024 年 11 月第 1 次印刷
书　　号／ISBN 978-7-5228-2788-9
定　　价／98.00 元

读者服务电话：4008918866